概念与验证

清华大学美术学院本科家具设计实践教学成果集

于历战 编著

中国林業出版社
CFPH China Forestry Publishing House

图书在版编目（C I P）数据

概念与验证：清华大学美术学院本科家具设计实践教学成果集 / 于历战编著 .

-- 北京 : 中国林业出版社 ,2022.5

ISBN 978-7-5219-1596-9

Ⅰ . ①概… Ⅱ . ①于… Ⅲ . ①家具 – 设计 – 作品集 – 中国 – 现代 Ⅳ . ① TS666.207

中国版本图书馆 CIP 数据核字 (2022) 第 039992 号

编著团队　胡钰铭　郭　洁　万　炜　左思扬　李嘉艺

　　　　　王壮壮　陈　彦　霍佳钰　曹　琳　马梦珂

书籍设计　杨昶贺

中国林业出版社 · 建筑家居分社

责任编辑　杜　娟　王思源

出　　版　中国林业出版社（100009 北京市西城区刘海胡同 7 号）

　　　　　http://www.forestry.gov.cn/lycb.html

电　　话　（010）8314 3573

发　　行　中国林业出版社

印　　刷　北京雅昌艺术印刷有限公司

版　　次　2022 年 5 月第 1 版

印　　次　2022 年 5 月第 1 次

开　　本　889mm × 1194mm 1/16

印　　张　16

字　　数　300 千字

定　　价　180.00 元

序 家具教学的意义

空间设计类专业的训练体系离不开实体形构的练习，它甚至应当作为一个设计思维的起点，由此方能走向虚实交替的境界。

家具教学即是一种难能可贵的训练方法，材料、结构、功能三位一体，造型解脱成为一种思考和行动的结果。几十年以来，清华大学美术学院（以下简称“清华美院”）环境艺术设计系（以下简称“环艺系”）坚持把家具教学作为一门基础训练课程，师生均从中受益良多。

历史地看去，家具教学不仅对于环艺系学生的设计观念、设计方法产生直接性的作用，奠定了其对功能与形式、想象与劳作的基本认识。最令人惊诧之处在于，它对于清华美院学科建设也有格外的意义。

坚持不懈的环艺系家具教学，就其观念上来说，并非单纯的造型思维，也不是一种典型的工业设计，而是一门具有综合性和复杂性的设计人类学启蒙的素质教育课程。首先，它不是为消费而进行的；其次，它和工业生产的关系若即若离，同时它的美学源流也是丰富多彩的。其设计思维不完全是现代主义设计理念主导的，它既是理性的，也不排斥感性的作用。它有来自传统的美学成分，比如传统的装饰美学，比如现代主义造型美学，更有劳动对灵感的激发，对价值观的塑造。另外，环艺系的家具教学，在不同的历史时期、每个具体时段，在不同的空间或地域文化的笼罩下，所表现出来的特点也有一定的机动性。这样，它就能从容不迫地逃避理性框架的严格制约，走入相对自由的状态，还能够审时度势在不同的环境条件下，以人的灵性释放去解决不同的问题。

从 2006 年开始，环艺系的家具教学加大了与国际交流的步伐。每年一度的米兰设计周，环艺系的师生们总会认真地准备作品参与这个国际设计界的盛事。迄今为止，我和我的同事们带领学生，共参加过四次卫星沙龙展和多次独立的主题展。比如在米兰理工设计学院的“榫卯”展，在 NABA 的“集体与个人”展等。展览主题既涉及材料、造型等家具本体问题，也和社会、传统等非物质性因素有密切关联。

事实证明，这种走出去的实践教学产生的作用是非常巨大的。这显然是我们这个学科建设历史上较为重大的事件之一，在这个全球化的历史阶段，我们抓住了机会，利用空间上的变革巧妙地化解了因时间差错而形成的各种历史沉疴。因为我们惊喜地发现在每一届米兰设计周的大小展览会上，都汇聚了世界当下最为全面的设计形态，这使我们看到了文化的多样性影响和价值。还有一些展览是关于历史主流的流变脉络的陈述和绘制，让我们确认理性在历史中的地位。这两方面的信息，对于弥补我们教学中对现代主义认知的匮乏和对世界设计真实面目的认知，产生了无可比拟的作用。

最初的几年，环艺系组织的这些家具设计作品，多在米兰理工大学设计学院的公共空间、甚至工坊中进行展示。期间得到了米兰理工设计学院许多资深教授的指点和评价。清华学生的风采也在这个世界现代设计教育的核心得到了展示，学生们的智慧、想象力和造型能力得到普遍的认可。而在我眼中，则看到了大家一年一个台阶的进步。令人难以置信的是，也就是这种一次接一次的小而精的交流活动，最终成为撬动了清华大学与米兰理工大学开启设计学科间建立双学位联合培养机制合作的一个支点。

家具设计作为实践课程是环艺系的一门特色课程，在每年的暑期，师生们会带着自己稀奇古怪的想法走进现代家具企业。学生们利用最先进的设备去呈现自己的想象，并在劳动中体察工具，体悟人生和物质之间的关联。在持续十三年之久的实践课程，每一次都会出现许多令人赞叹的作品。更为重要的是，由于年复一年的坚持，这个训练体系本身也在不断地优化，因而能更加精准地切中设计学科人才培养的要害。我认为在企业中进行教学，对于学生而言，至少会在三个方面得到启发。第一，对工具、材料和造型本身的认识；第二，会加深市场意识；第三，会通过和企业交流掌握技术参数和市场相关数据。

于历战老师是我多年的同事，也是多年以来在家具方面进行合作的伙伴。如今我看到他的认真与坚持终于获得了成就，感慨万千。因为这种成就是在经年累月中逐渐形成的，也许早已经被人们忽略，但是当他把这些累积的成果集结成册出版的时候，就是一次厚积薄发的动人表述。我觉得大家理所应当对它的价值和意义进行重新的认识和评价。

苏丹

2022 年 4 月 12 日于北京

前言

可验证的设计——家具设计教育的回顾与展望

二十世纪八九十年代，随着我国基本建设、房地产产业的大规模进行，与之相关的环境设计蓬勃发展，成就了室内设计、景观设计、公共艺术等诸多专业。室内设计又细分出家具设计、陈设与饰品设计、空间照明设计等，景观设计逐渐细分出城市景观设计、城市改造与更新、乡村改造与更新等等。其中家具设计作为既悠久又年轻的专业一直为学生所喜爱。

早期发展

在我国，家具设计教育在艺术设计类院校中早已有之。我国最早创办专业艺术设计教育的中央工艺美术学院（现清华大学美术学院）于 1956 年建校，1957 成立室内装饰系，同年，建校同时成立的中央工艺美术科学研究所并入中央工艺美术学院，其中的家具研究室一起并入，当时的负责人是谈仲萱。家具设计作为专业方向和必修课程在最初的教学体系中便一直存在。1961 年室内装饰系的第一本出版物便是与家具设计相关的《家具工艺》教材，由谈仲萱、罗无逸先生编写，并在 1964 年正式出版。后来在传统家具及文博界非常著名的王世襄先生在 20 世纪 60 年代也在中央工艺美术学院室内装饰系任教，并在 1964 年编写完成《中国古代家具装饰风格》讲义，开启了对中国传统家具的研究。家具设计的研究、教学传承不断，之后的陈增弼教授继承前辈的研究成果，为我国传统家具的教学、研究、实践、创新做出了极大贡献。

二十世纪五六十年代，由于实践教学的需要，当时室内设计系的教师们搜集了大量散落在民间的明清时期硬木家具，这批家具做工精湛，保存完整，品相上乘，艺术价值、学术价值极高，有些还是目前所发现的中国传统家具中仅见的孤品。这批家具中的绝大部分是代表我国民间家具艺术最高水准的作品，至今仍是研究中国传统家具的珍贵实物资料。1999 年，中央工艺美术学院与清华大学合并，这批珍贵文物目前保存在清华大学艺术博物馆，在满足日常传统家具教学的同时，常年陈列

图 1 榉木南官帽椅
清华大学艺术博物馆藏

图 2 黄花梨琴桌
清华大学艺术博物馆藏

图 3 清华大学艺术博物馆藏品展家具部分展厅

向社会展示（图 1 至图 3）。

家具设计专业的设置

随着家具设计课程的发展，中央工艺美术学院是我国正式设置家具设计专业比较早的院校，在 1984 年便预见到家具产业在我国未来发展对于设计人才的需要，于是决定在环境艺术设计系开设家具设计专业。出于办学严谨的考虑，先期定位为专科，学制三年，循环招生，学生毕业后取得大专文凭，当时考虑待教学体系不断完善后再改为本科，从此，开展系统、专业的家具设计教学。但在那个时期，我国的家具产业并不发达，改革开放早期，企业发展还处于初期阶段，众多家具企业正处于追求产量和以仿制抄袭为主的发展阶段，企业对于材料处理、设备更新、生产技术的需求远远大于对于家具本身设计的需求，再加上家具设计教育自身也并不完善，学习家具设计专业的学生毕业后在社会上无法找到自己的位置。20 世纪 90 年代，随着改革开放的深入，房地产业的兴起，国家基础建设项目的激增，中央工艺美术学院环艺系在这一时期得到空前发展，进入到自身发展历史上最繁荣的时期。而同期在家具设计专业学习的学生，处境却非常尴尬。当时，由于产业需求不足，家具专业教学中室内设计方面的内容逐渐增加，专门针对家具设计方面的内容逐渐减少，很多致力于家具设计方向的学生毕业后因无法找到对口的工作也被迫转向其他行业。在缺乏产业需求的背景下，经过十几年艰苦发展，中央工艺美术美院的家具设计专业也终于走到了尽头，在 1997 年家具设计专业停止招生。至此，环艺系的家具大专班前后招收了 5 届（1984 年、1986 年、1989 年、1992 年、1995 年），一共培养了 62 名毕业生。虽然时间短暂，培养的学生也不多，但还是有一些优秀的毕业生活跃在后来的家具设计界。当时环艺系主要负责家具教学的李凤崧、陈增弼等教师为家具教学的发展做出了重要贡献。1999 年中央工艺美术学院并入清华大学后，在总体氛围是通识培养、精减专业的大背景下，再想恢复家具设计专业已经极为困难，这不能不说是很大的遗憾。

家具设计实践教学

原中央工艺美术学院的家具设计课程在设立之初便极为重视制作与实践在设计教学中的作用。家具作为与人关系最为密切的器物，实践性非常强，图纸的完成仅仅是设计环节中很小部分的案头工作，其成品的好坏才

图 4 崔笑声作品 1996 年

图 5 赖亚楠作品 1996 年

图 6 李岩作品 1996 年

图 7 田蔚元作品 1996 年

是检验设计是否合格的关键。在图纸转换成实物的过程中，往往会进行大量的修改完善，因此，家具设计的过程实际也是一件家具实现的过程，家具的设计一直贯穿在家具产生的始终。因此，环艺系建系之初便遵循着包豪斯的教学理念，非常重视生产与实践环节，在实践之中进行教学，学生也可以在实践中掌握设计的方法。当时，在极为有限的条件下环艺系仍然建立了木工房，聘请了非常专业的木工师傅进行教学指导，将制作实践融入日常教学中去。当时的系领导张绮曼、郑曙旸教授都非常重视家具设计教学的发展，在个人的实践项目中都设计过家具作品并应用在室内项目中。1996 年更是首次将家具设计作为那一年每位毕业生必做的毕业设计课题，并首次要求全部的家具设计以实物成品的形式呈现出来（图 4 至图 7）。但由于各种条件的限制，从那次之后的多年，这一做法并未得以延续。

家具设计教育的缺失

高等院校一直承担着为社会培养各类人才的任务，行业的发展使其对各类设计人才的需求与日俱增，但曾经的家具界却是个例外。改革开放后，家具产业在我国的发展空前繁荣，但与其他行业不同，在行业发展的过程中家具产业与家具设计并未形成良性互动，在我国家具设计的人才培养，尤其是艺术类院校的家具设计教育在产业发展的过程中长期缺失，对企业发展的贡献极少。

我国的家具设计专业或家具设计课程主要设置在两类院校之中，一类是在农林类大学的材料与工程类专业，另一类则是在艺术类院校中的环境设计或工业设计专业。曾经在相当的一段时期，很多艺术类院校中的家具设计更强调家具的外观和造型、空间属性、人对家具的感受等，对于家具的制造、材料、结构、工艺等的训练并不是很重视。再加上教学环节长期与企业、与市场脱节，设计仅停留在方案阶段，极少有实施阶段的深化，使得家具设计等同于纸面设计，几乎无法真正落地，这也使得学校培养出来的学生与产业和市场脱节，并不适应企业的真实需求。因此，在很长的一段时间，艺术类院校的家具设计教育和人才培养对于家具产业的贡献很少，这也是不得不需要我们反思的问题。

而这一状况的改变恰恰来自产业的推动。随着改革开放的深入，中国的家具产业从规模数量型向质量效益型转变，众多家具企业蓬勃发展并壮大，原始积累逐渐完成，市场需求逐渐趋于饱和，曾经主要依靠抄袭、山寨的做法已经无法支撑企业更好、更健康、更大规模的发展，市场对于原创设计的需求越来越迫切，企业开始通过各种渠道寻找家具设计方面的人才。清华美院始终处于设计界的前沿，最早感受到这一变化。2004 年，中国家具出口额首次超过老牌的家具强国意大利，成为世界第一。2005 年 10 月，清华美院便接到意大利米兰家具展组委会的邀请参加第二年的米兰家具展。环艺系的设计教育一直与国际语境接轨，敏感地把握住时机，第二年两位教师和四位研究生克服了重重困难，带着实物作品参加了 2006 年的米兰家具展。这次也是中国大陆首次有设计作品参加国际顶级的米兰家具展，这也再次开启了清华美院家具设计教育实践教学的路程和家具设计教学国际化的进程，并一直坚持了十多年。

家具设计教学体系

清华美院家具设计教学一向重视实践环节，但这需要大量的资金、制作条件的支持和人力的投入，更需要教学观念的转变，清华美院优秀的教育传承和教师的付出使设计实践教学得以恢复并顺利实施。

目前，清华美院环艺系的家具设计教学主要包括本科生的家具设计课程和硕士、博士研究生的培养。主要内容包括：课堂教学、设计实践、国内外参展、交流、毕业设计等环节。本科第一次家具设计课程设置在三年级，课堂教学主要以基础知识及理论讲授为主，辅以简单的动手体验。期间的实践操作主要在学校的木工车间进行，通过动手制作使学生建立对家具设计的初步认识，了解家具与材料、结构的关系；通过对简单家具的制作过程使学生对家具设计有初步的认识和体验。

设计实践教学是家具设计环节中重要的也是必需的组成部分，因为在清华美院环艺系家具设计的图纸已经不再是设计好坏的评判依据，设计概念必须要转化成实物进行评价。随着社会的进步、产业的发展、人们观念的改变，很多企业具有更长远的眼光和更高的格局，愿意为产业的未来进行投资，而不仅仅是考虑自己企业的发展。经过几年的积累，我们获得了一些企业无私的支持，企业愿意以各种形式支持学校的专业教学，使我们更专业、更正规的设计实践成为可能，让我们有条件带学生到最好的家具企业进行制作、实习、体验。学生在企业实习课程一般安排在本科三年级升四年级的暑期学期。

除了固定的每年安排学生到家具企业进行制作外，所有的本科毕业设计和研究生设计成果都会在企业制作完成。学生需将自己的设计成果在工厂亲自制作实现出来，在制作过程中深化、调整、修改，最终制作成具有实用性的实物成品，通过成品来检验设计的好坏。同时，也通过各类委托设计，将家具的研究、设计成果转化为真正的产品来服务于社会，在这一过程中不断提高学生的设计水平以及对市场、产业的认知。

在实习和制作生产中产生的优秀作品会参加本年度和下一年度的国内外设计类展览，在展会上汇报教学成果，接受同行及社会的评判。学生也可以通过展会向同行进行学习交流。

可验证的设计

与环境、建筑设计等其他领域相比，不同的是，家具设计规模、尺度相对较小，涉及的外围因素相对较少，操作相对便捷，周期较短，在现有教学条件下更容易实现，同时能够创造机会很好地训练学生现在最为缺乏的动手能力。目前在清华美院环艺系的几乎所有家具设计都要进行完整的过程，即要求学生的设计不能仅停留在概念和纸面上，必须要在实现的过程中对方案进行修改深化，了解并结合材料特性、结构特点、工艺流程等，在制作的过程中完善思维、调整设计、深化细节。还需要不断在各个环节与各种人员沟通交流，或坚持、或妥协，甚至要自己寻找材料，完善工艺，调试设备，最终完成实物作品，只有家具实物的完成才能称为设计的完成。因此，学生可以在非常完整的过程中感受到从思维概念，到图面，再到实物成品的实现过程，亲眼见证从思想到实物的真实历程，最终通过成品检验自己思维的可行性，通过对真实物品的体验，学生自己就可判断自己设计的优劣。因此，在环境设计专业众多的教学内容中，家具设计也是少有的在教学环节就可被“验证”的设计。

进一步发展

随着家具教学的不断发展，2013 年，在清华美院成立了家具设计研究所，使家具设计朝向多层次、多元化发展。除日常教学外，还致力于家具方面的学术研究、教学培训、设计实践、交流推广等工作，家具设计教育也逐渐走向正规化。

随着社会的进步，人们对生活品质的要求越来越高，家具也成为人们追求美好生活的重要方面，也越来越成为人们生活品质好坏的重要标志。因此，无论是企业还是社会大众都对家具提出了更高的要求，一件家具不仅要有好的质量，还要符合空间风格、尺度，体现人们社会认同，满足其文化和审美需求，而且还要原创、个性，更要健康、绿色、环保，这些都为高校的家具设计教育提出了更高的要求。家具与人的行为，与人们的工作、生活关系密切，家具从来不仅仅是一件家具，家具的选择更是人们社会地位、文化水平、审美品位、行为心理、价值判断的综合体现，这些都将成为新的研究方向。

清华美院的家具设计教育在强化人才培养的同时，更需要深化理论研究，为家具未来的发展探索方向，同时也会增加与企业的交流，推进作品向产品的转化，探索将教学成果转化成社会效益的途径，以更好地服务于产业，服务于社会。

企业的支持

家具设计的实践课程是清华美院家具设计教学重要环节，正像前文所讲，实践教学有赖于教师观念的转变、辛苦的付出和学生大力的配合，更需要有企业长期无私的支持。高校教学课程一旦设置就必须有一定的延续性，长久地坚持才能取得成效。任何商业企业、公司都是以盈利为目的，每年几十人的到来对于企业生产、管理、经营乃至长期的发展都会带来很大的影响。不仅会造成大量材料的消耗、设备磨损，更会给人员调配、生产组织、日常管理带来很大的冲击。而学生的设计又往往天马行空，任意而为，通常带有很强的不确定性，实验性很强，几乎无法转化为可以量产的产品。对企业来说，学生的实习往往是纯粹的付出，是对未来人才培养无私的奉献，因此，极少有企业愿意长期的付出支持。但恰恰是有企业家高瞻远瞩，具有更大的格局，更现代的视野，更无私的胸怀，愿意付出，对高校的教学进行支持，而且一支持就是十几年，并且还在不断的坚持进行，例如浙江绍兴的喜临门家具股份有限公司、广东华颂家具集团。

早在 2007 年，喜临门的企业负责人就联系清华美院，希望与国内最好的设计院校进行合作，支持学校的专业教学，同时拓展企业未来发展的空间。可贵的是这样的合作务实、高效，并且非常尊重设计、教育和产业的发展规律，在当时的环艺系主任苏丹教授的大力支持下，双方很快便达成一致。并且，从一开始企业就没有把盈利作为合作的目标，而是真诚地为教育提供实实在在的支持，并且一坚持就是十多年。在这十多几年间，清华美院的家具设计教育取得长足发展，与企业共同成长、相互成就。同时，也是在企业的支持下，清华美院不但完成专业实践的教学，更将实践教学成果在国内外重要的展览上呈现。这十年间，在清华美院家具设计研究所的策划带领下，在喜临门制作完成的家具设计成品未间断地参加了意大利米兰家具展，以及国内的广州家具博览会、上海家具展、北京设计周等业界重要展览，不但完善了学校的教学体系，开阔了师生的视野，也向社会展示了学校的教学成果，增加了学校的影响力，同时企业也不断地发展壮大，业界的美誉度日益增加。更重要的是，清华美院的学生毕业以后大多是行业内的中坚力量。每年的企业实习经历虽然短暂，学生们的印象都极为深刻，无论是实习过程中的工作、生活，还是专业学习的经历在学生心目中无不留下美好的记忆，这都会在年轻人心中形成很好的品牌记忆，对品牌的美誉度和忠诚度是任何其他方式无法获得的，由此也能看出企业家的高瞻远瞩。

鼓励探索与实验

本书所呈现的 91 件作品是自 2009 年至 2019 年期间学生的实习作品，均来自本科生的实践课程，其中 2016 年因特殊原因学生参加实习但未完成实物作品的制作。在本课程前，很多学生几乎没有真正完成过一件像样的实物作品，甚至完全没有接触过家具设计，对于设计思想、设计意向到设计概念最终是如何转化为实物成品没有任何经验。而本科阶段的学生思想最为活跃，求新求异，甚至执着于突破已有的形式，绝大多数学生能吃苦，对于新的领域兴奋、执着。因此，在此阶段的教学以实践和体验为主，不设过多的目标，不提过多的要求，以能够实现为主要原则。实物的呈现能够给学生带来极大的兴奋感，由此学生会喜欢，甚至爱上这一领域。事实证明，清华本科的学生在家具设计实习前虽然没有对家具设计过多的接触，但其具有的设计能力和审美素养足以支撑其完成一件良好的作品，有些甚至还相当的不错。当然，由于经验不足或者过于追求设计概念的纯粹也会出现一些问题，但这也恰恰是实习的目的——试错与暴露问题。学生在课堂面对图纸时往往发现不了错误，甚至不愿承认存在的问题，而在自己的实物作品面前，就会主动发现问题，改进问题，这也是实践环节无法被取代的原因。不设过多的限制另一目的是学校毕竟不是企业，没有盈利的压力，学生也不是真正意义上的设计师，其处在探索与成长阶段，在设计中要不断探索设计的可能性，设计的边界，不同领域的交叉与融合，因此，我们鼓励具有探索和实验性的想法和作品，即使是没有实际用处的“无用”的设计，只要具有思想性、探索性我们也是鼓励的，因此，读者能够从中看出学生作品的多样性。

本书呈现了实践教学的成果，除极个别未完成的实习作品，其他均如实呈现，因此，各种水平都有，为的是给读者呈现清华美院环艺系家具教学的真实面貌。书中每件作品除了有作者、尺度、材料、设计时的三视图、透视图等基本信息外，还加上了简短的教师点评，以方便读者能对学生设计有更全面的了解。

近两年由于疫情的影响，暂停了去企业的实习，没能有更多的作品产生，也正好借此机会进行梳理与总结，为的是更好地前行。希望以此书献给那些为清华美院家具设计实践教学做出巨大贡献的人们！感谢环艺系这些年的几位系主任郑曙旸教授、苏丹教授、张月教授、宋立民教授的信任与支持。感谢美院摄影室的郑林庆老师（2009 年、2012 年、2013 年、2014 年、2015 年、2017 年、2019 年）和刘琪老师（2018 年），除 2011 年是本班学生自己拍摄外，其余都是两位老师以摄影的方式为家具进行了二次创作，也使学生的作品增色不少。最要感谢的是喜临门家具股份有限公司董事长陈阿裕先生、主要负责人陈华忠先生当年的决策和这么多年默默的无私的支持，没有这些企业和企业家的支持，学校的教学不会完整。还要感谢车间一线的工长、师傅们，是他们的宽容与高超的技艺，使得学生们任性的想法能够一一实现。我们将一如既往地坚持课堂与设计实践教学相结合，也希望有更多的企业和企业家对高校的专业设计教育给予支持，共同为我国原创设计的发展做出贡献。

2022 年 3 月 15 日于清华大学美术学院

目录

2009

实践学生：2006级

指导教师：于历战

逍遥椅

沙滩椅

几案折叠椅

都市情侣

方向的启发

多功能书架

两用摇椅

袋鼠桌

意外沙发

长颈鹿照明椅

逍遥椅

贾萌飞

中密度纤维板、素面

1000mm×1000mm×330mm

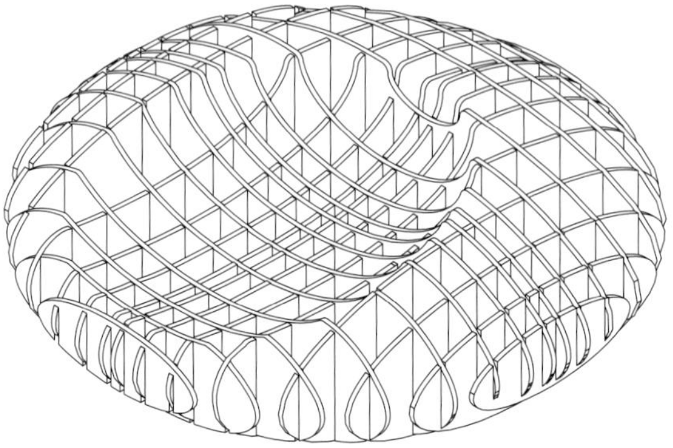

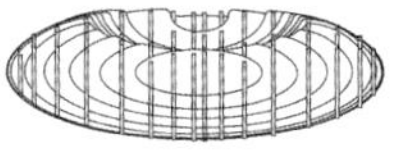

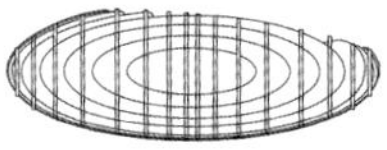

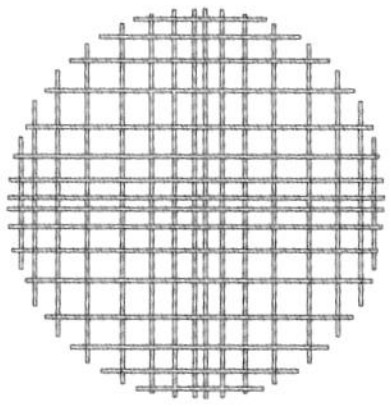

这件作品由不同大小的椭圆片拼插而成，每片之间的间距并不均等，中间承重部分密度较大，边缘逐渐稀疏。这一结构形式对于电脑建模计算来说并不复杂，数字切割也使制作工艺变得极为简单。关键是椭圆形体、比例以及中间凹陷部分尺度的把握。但制作过程中还是出了问题，由于没有经验，电脑设计的插片上的缺口与板厚相等，精确切割后板子竟无法插入，缺口众多，逐一打磨费时费力，又不想浪费材料重新切割，学生只好将每一片板子稍稍磨薄才最终得以组装成功。

沙滩椅

田峰、肖菲

白橡实木、木质集成材、水性开放漆

2008mm×980mm

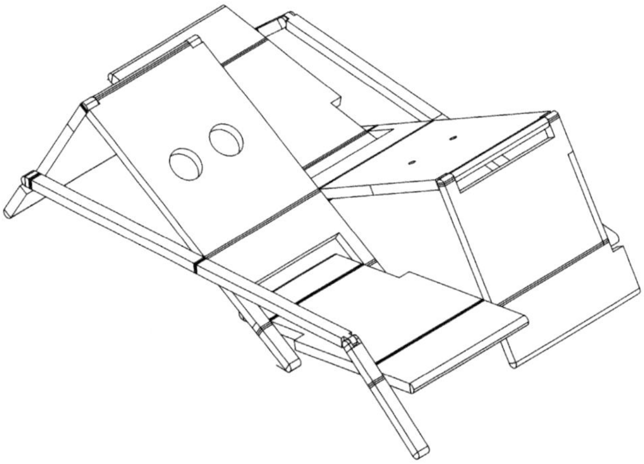

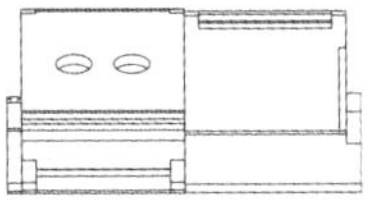

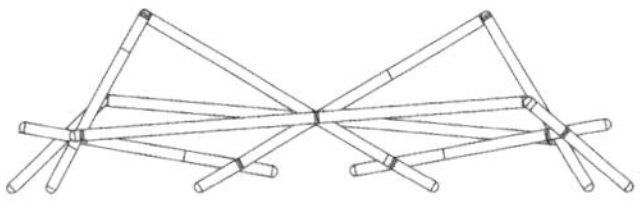

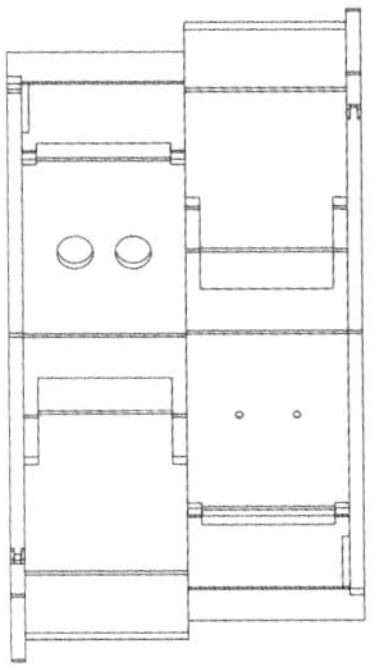

学生想设计情侣用沙滩躺椅，可折叠，便于收纳，但最终的成品与其说是折叠，不如说是压扁，因为其变形仅仅是成为一个平面而已。由于是木质，重量较大，折叠过程需始终保持平衡，导致困难重重，但这并不影响完成的效果和学生看到成品的兴奋。使用者相向而坐，分而不离，躺椅的座板和靠背上还开了不同形状的孔，暗示了男女的性别，增加了此设计的趣味性。

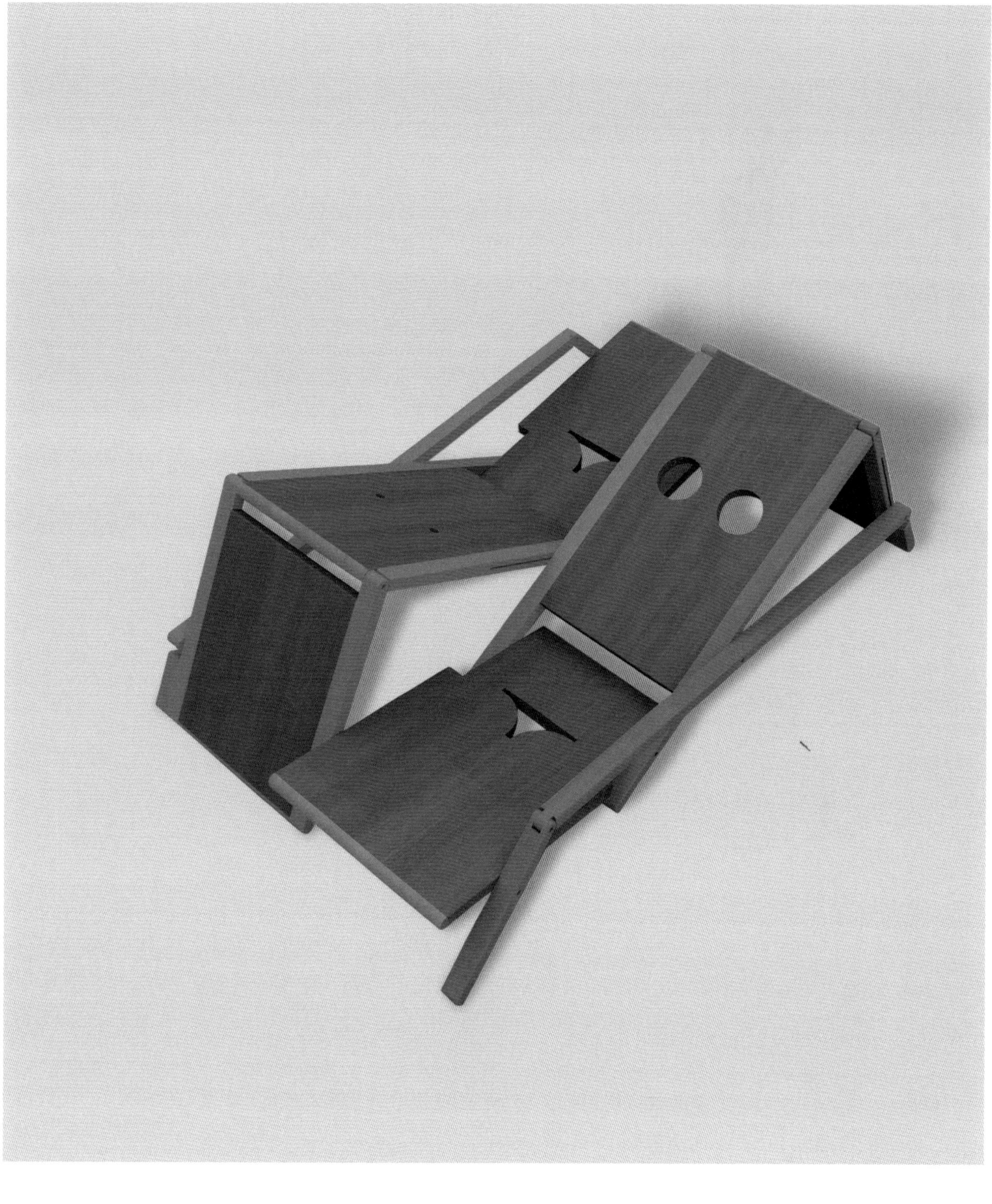

2009 年 /2006 级 清华大学美术学院本科家具设计实践教学

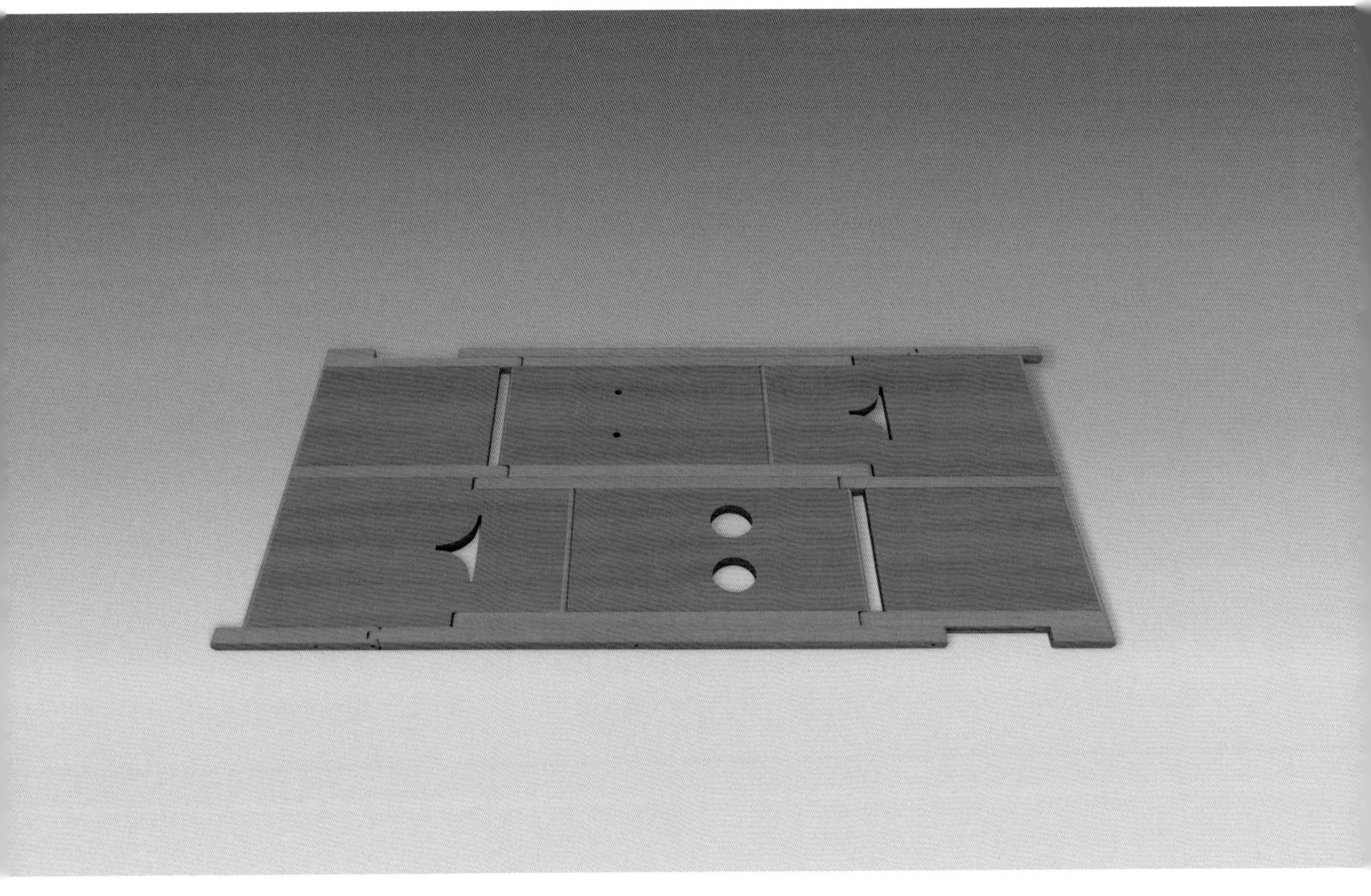

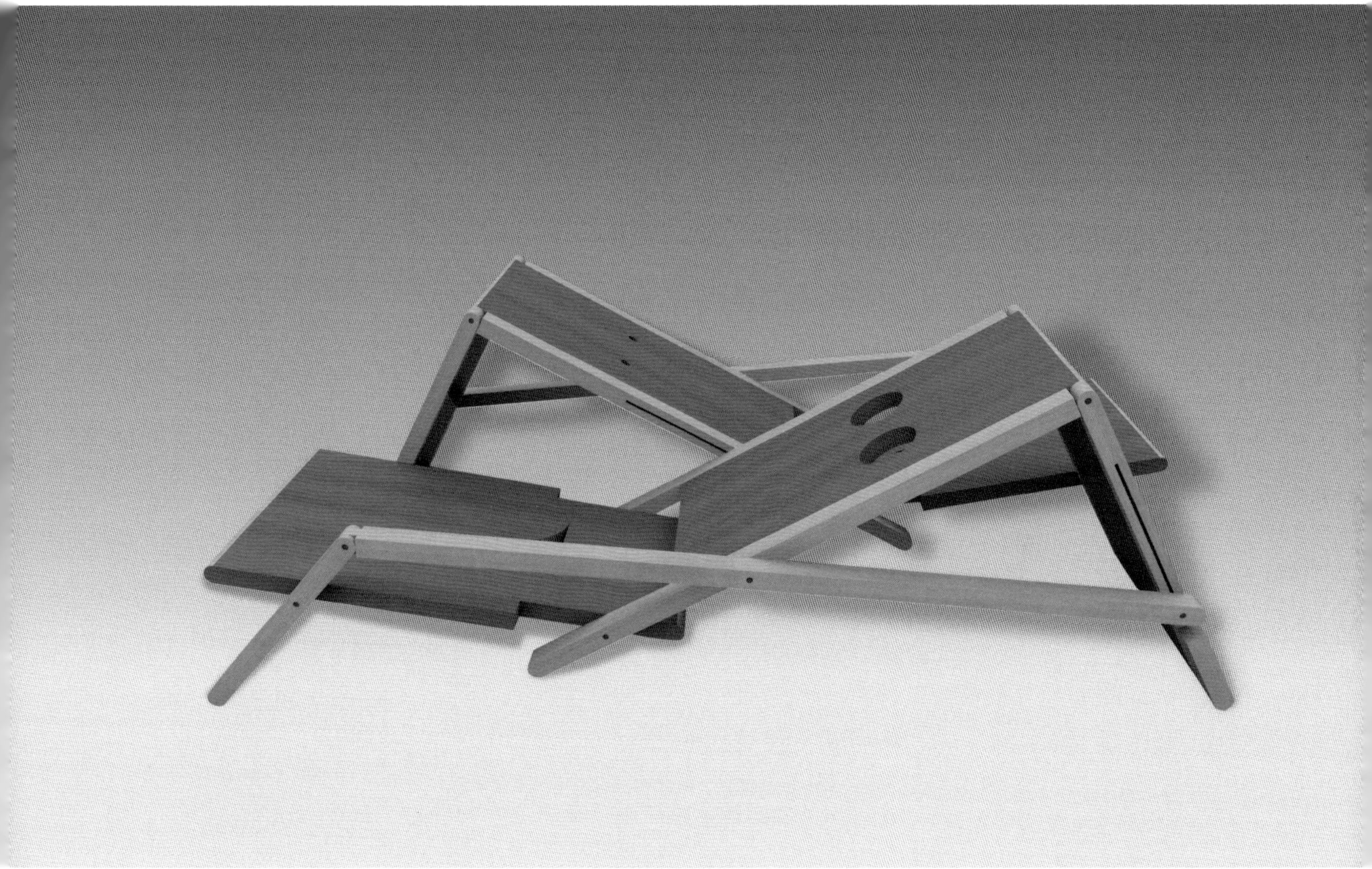

几案折叠椅

朱寅君、王悦

木质集成材贴木皮、开放漆

450mm×545mm×900mm

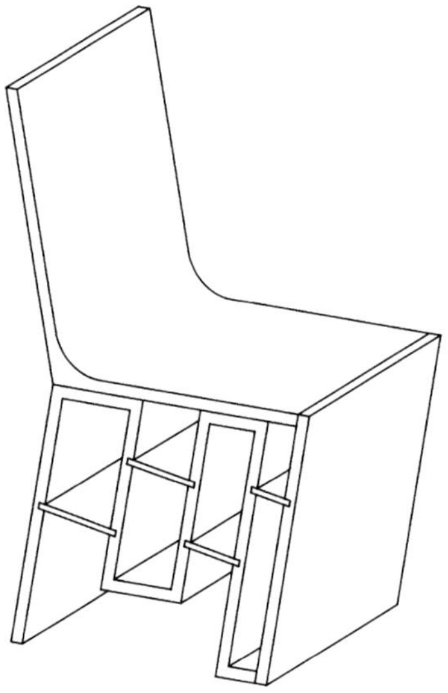

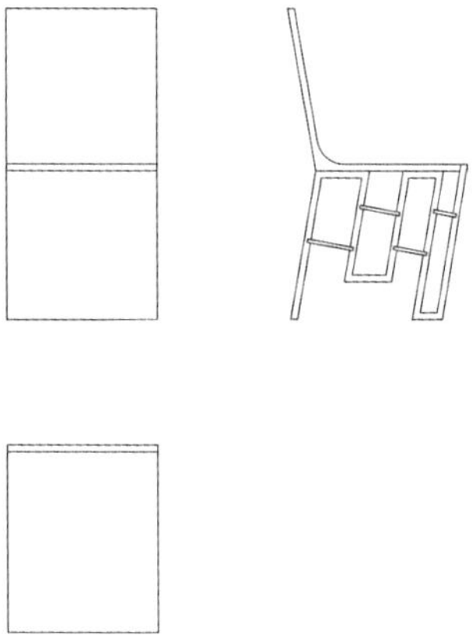

学生根据宿舍空间条件及生活需求设计了这款家具，可作置物存储和书写台以及座椅，是款可翻折变换的多功能家具。折起来可作为正常的座椅，打开后是可置物的书几，特别选取黑白两种颜色区分结构，使形体关系更加明确，也增强了形式感。从实际需求出发的设计更为实用，功能、比例都较为恰当，只是座面前缘与支撑板衔接处的前后叠加关系应再推敲。

2009 年 /2006 级 清华大学美术学院本科家具设计实践教学

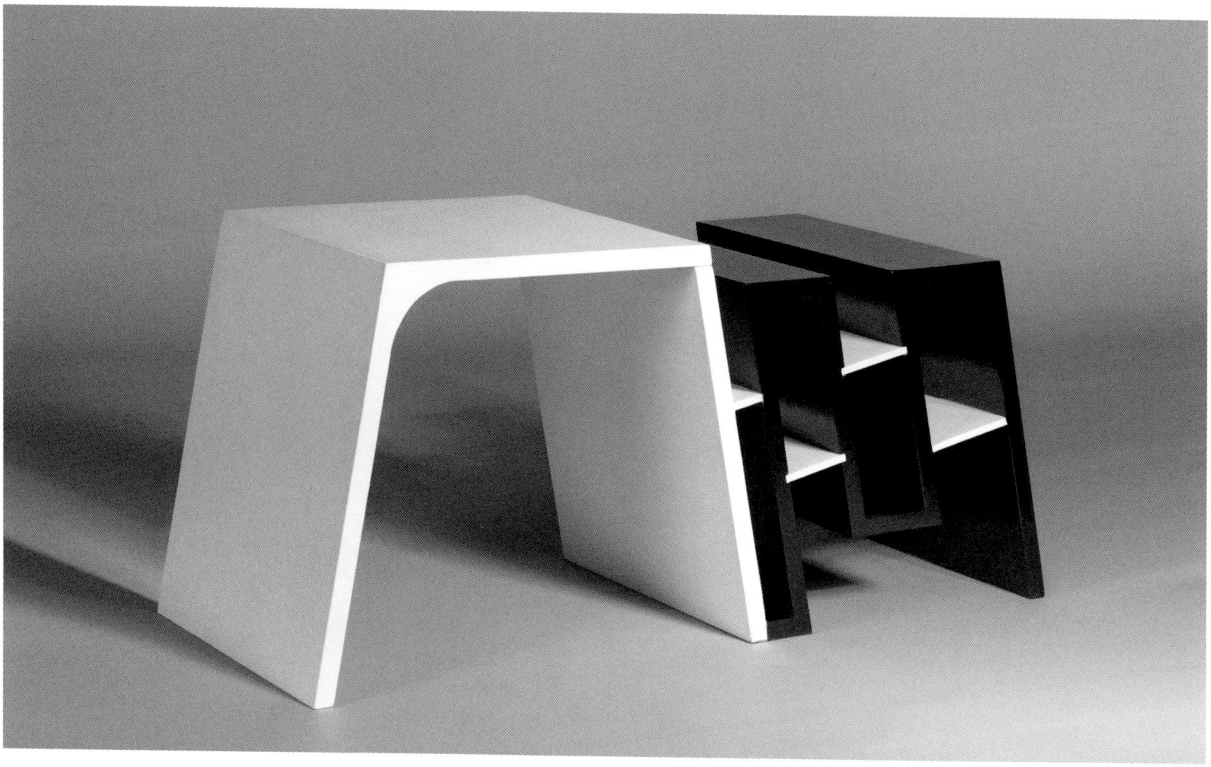

都市情侣

田雪

黑胡桃和枫木、实木贴皮、本色开放漆

900mm×629mm×900mm

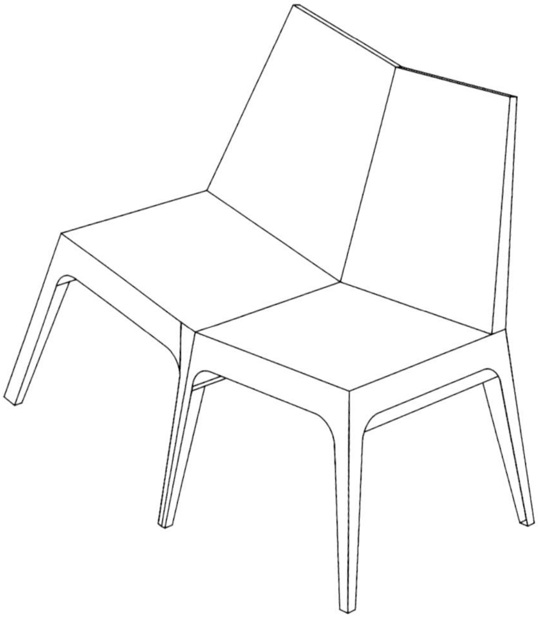

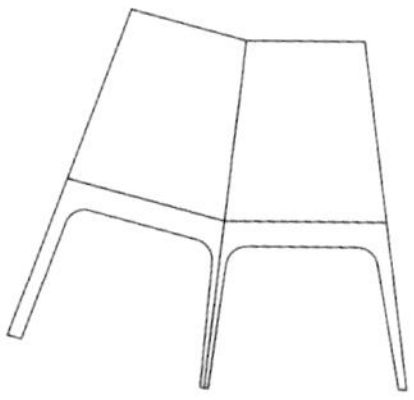

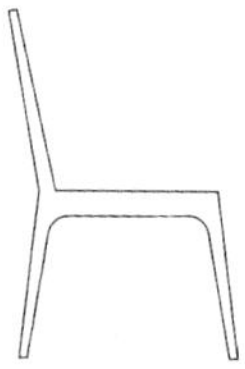

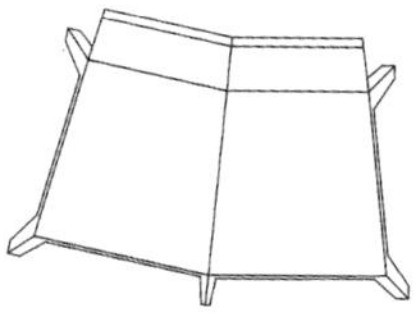

谈情说爱是大学生活的一部分，因此，情侣使用的家具是学生喜爱的题材。这件便又是一件供情侣使用的双人座椅。此椅与通常的双人椅的区别在于两人的座面并不在一个平面，而是两边呈现一定的角度，每四条腿在一个平面上，因此，两边坐起来并不平衡，体重轻的一方会自然倒向另一方，这也正是设计者所期待的。由于羞涩不能过于主动，通过家具设计营造相互依靠的机会和借口，小心思通过设计生动地体现出来。靠背木皮拼接的图案也暗示了使用者的关系。

方向的启发

黄志勇、刘杰

木龙骨、黑胡桃实木皮贴面、水性开放漆

552mm×350mm×350mm

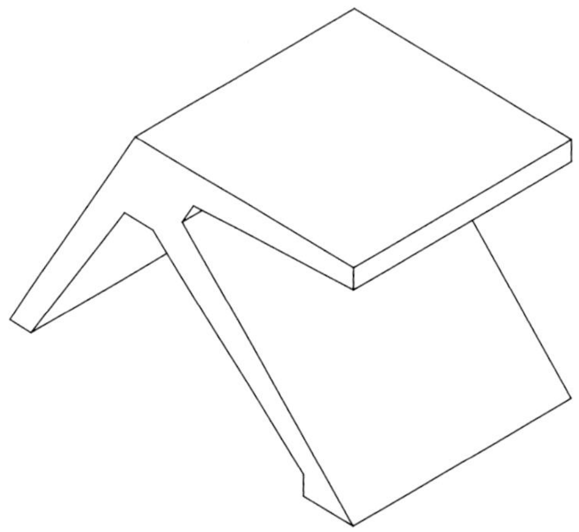

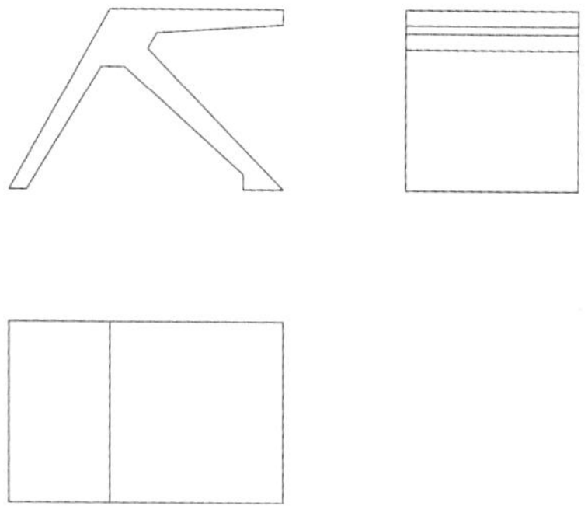

可变性和多功能是学生们喜欢的方向，这样能使简单的设计至少从形式上显得复杂一些。这个设计便是一套可变化的组合体家具，每一个单元是个箭头的形态，稳定而不失动势，可以单独作为坐凳使用，组合起来也会形成多种形式和功能。缺点是连接面偏小，虽然埋了强力磁铁，但相较于整体的重量显得微不足道，叠摆时并不稳固。

2009 年 /2006 级 清华大学美术学院本科家具设计实践教学

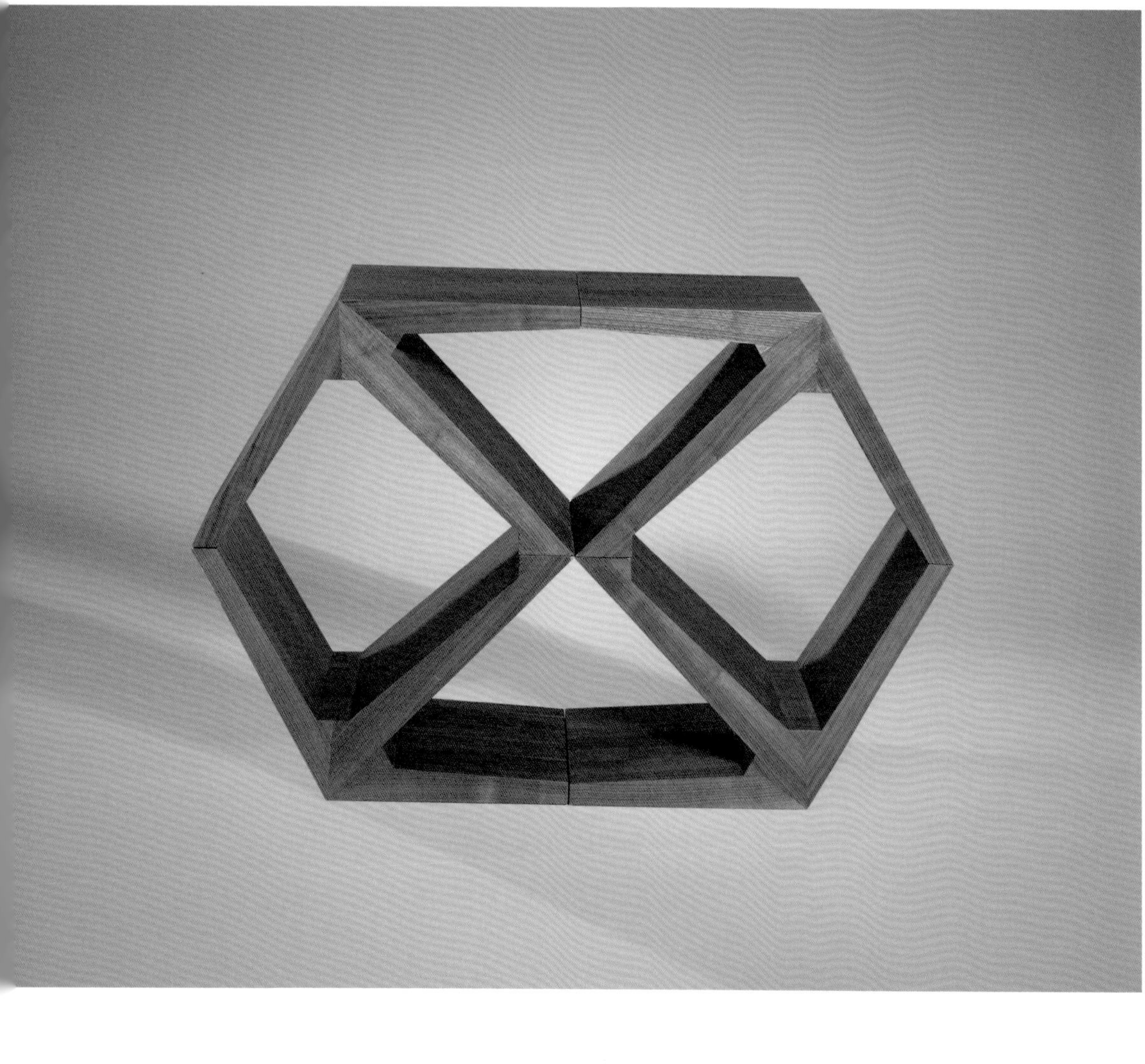

多功能书架

杜洁晶

木质集成材、白橡木贴皮、本色开放漆

1624mm×300mm×1807mm

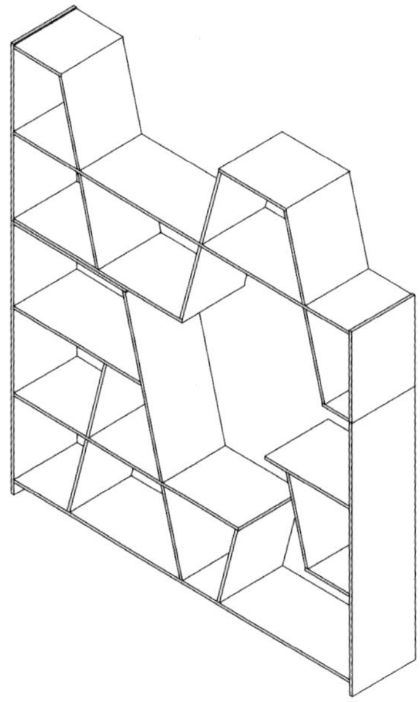

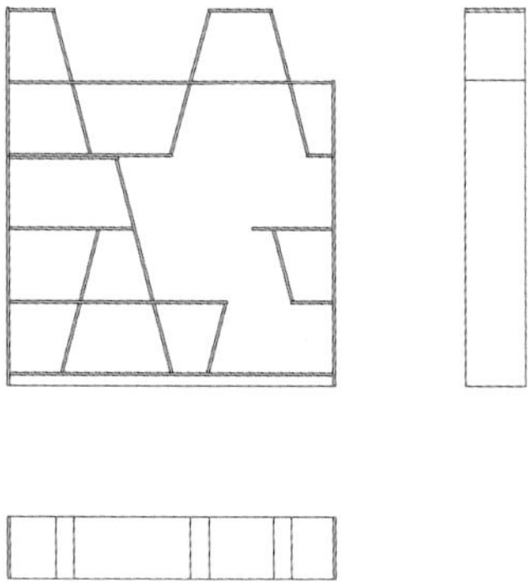

此书架同样是来自于生活的设计，大学宿舍空间狭小，容纳的内容却很多，于是设计者为自己宿舍设计了这样的书架，不但有放书、置物的地方，还可以坐下来学习，甚至有放置显示屏的地方，确实很实用。但由于设计经验不足，结构存在一定缺陷，使书架并不稳固，同时因为追求轻盈，材料选择又过于轻薄，运回学校展览过程中书架上部便出现了开裂。

两用摇椅

潘梅林、刘晓静

多层板、水性开放漆、织物软包

800mm×450mm×515mm

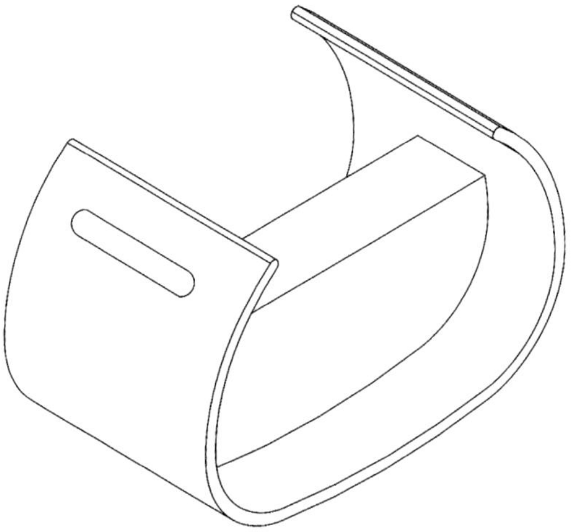

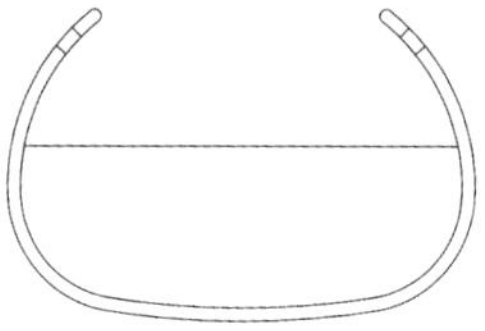

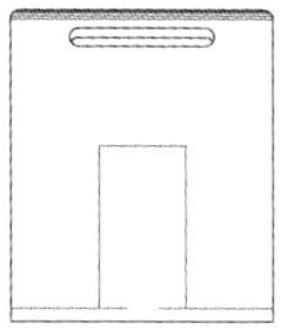

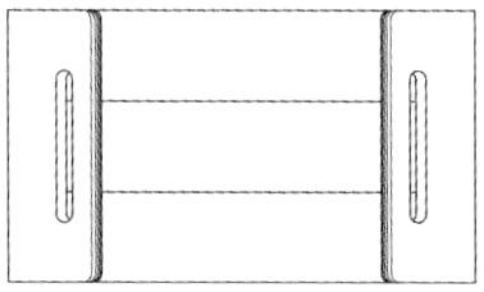

学生设计了一件供儿童使用的家具，这件家具不但可以像摇椅一样作为玩具，翻转后还可以像一般椅子一样使用。摇椅下部的弧度设计使学生第一次真切体会到行为与尺度的关系。值得注意的是设计者将一个小猪的造型设计进去，摇椅的前面是个带领结的小猪头部形象，后边是小猪尾部造型，不但能满足抓握的功能，还增加了些许的视觉趣味。

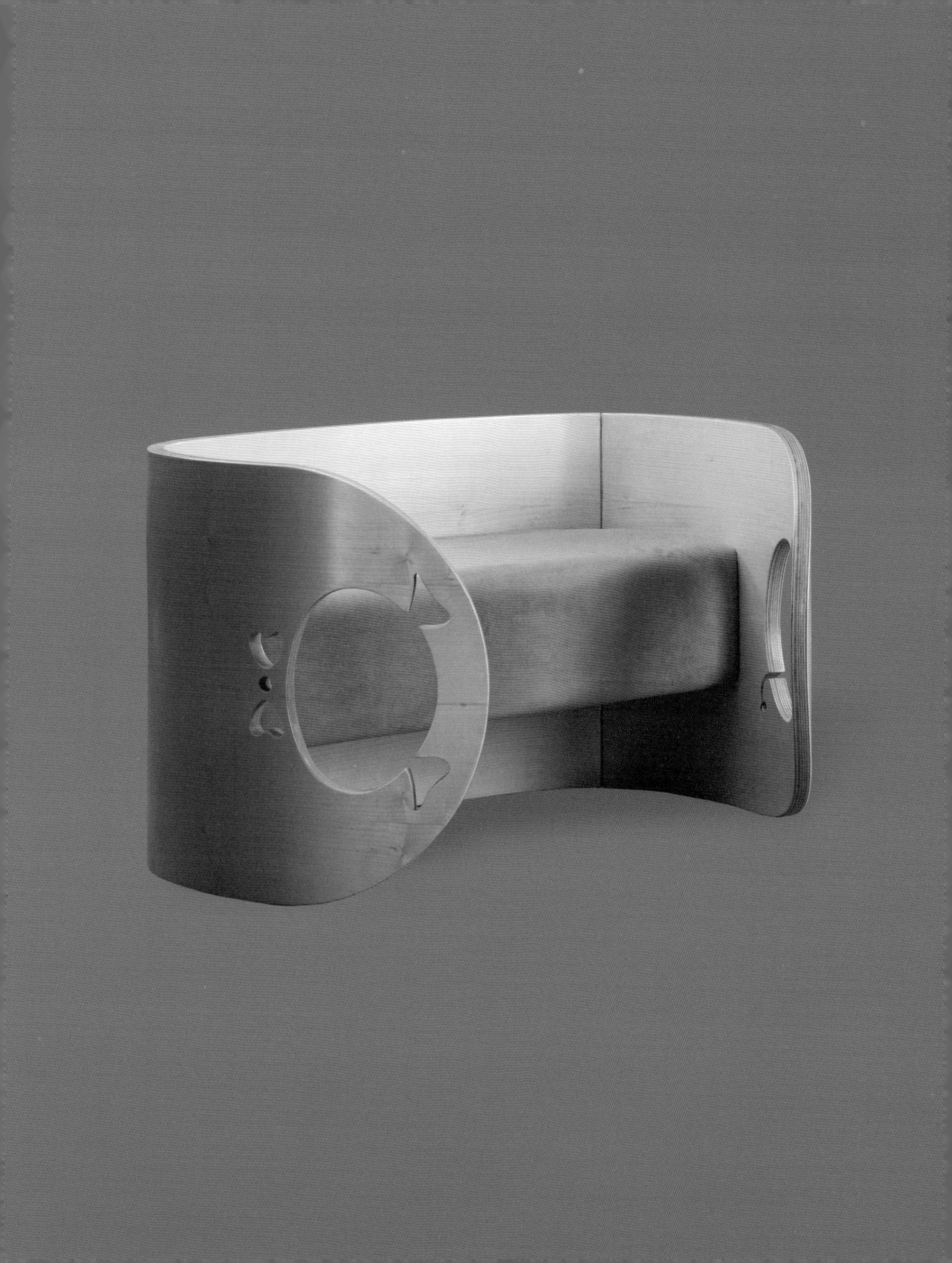

2009 年 / 2006 级 清华大学美术学院本科家具设计实践教学

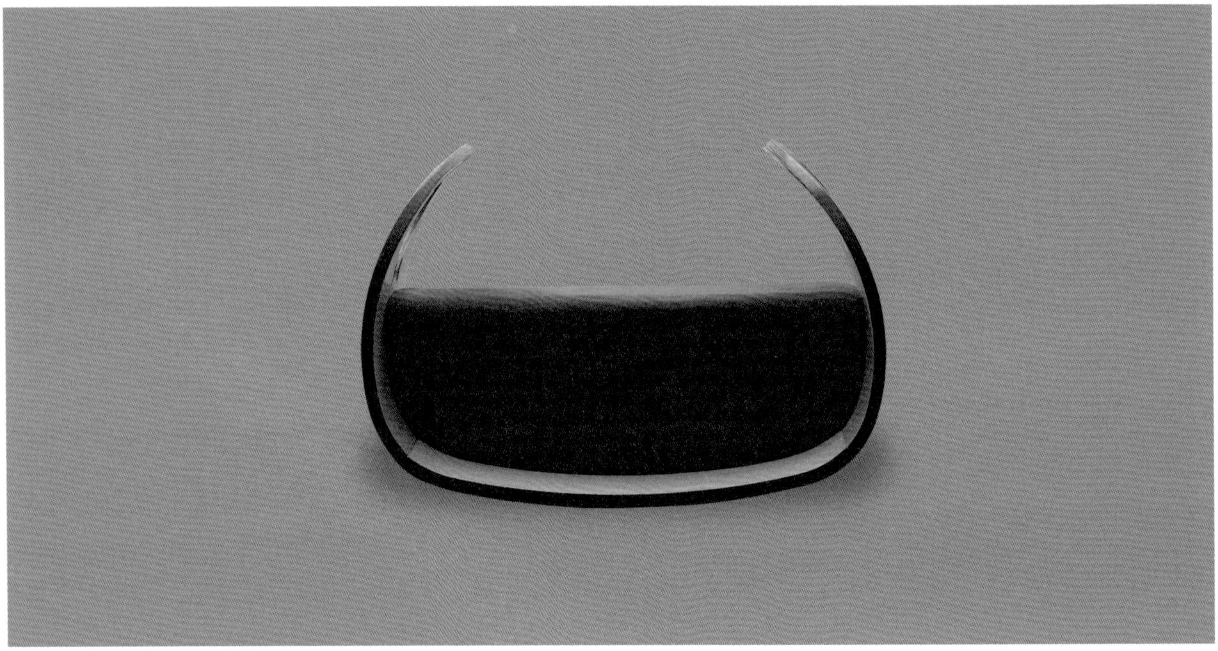

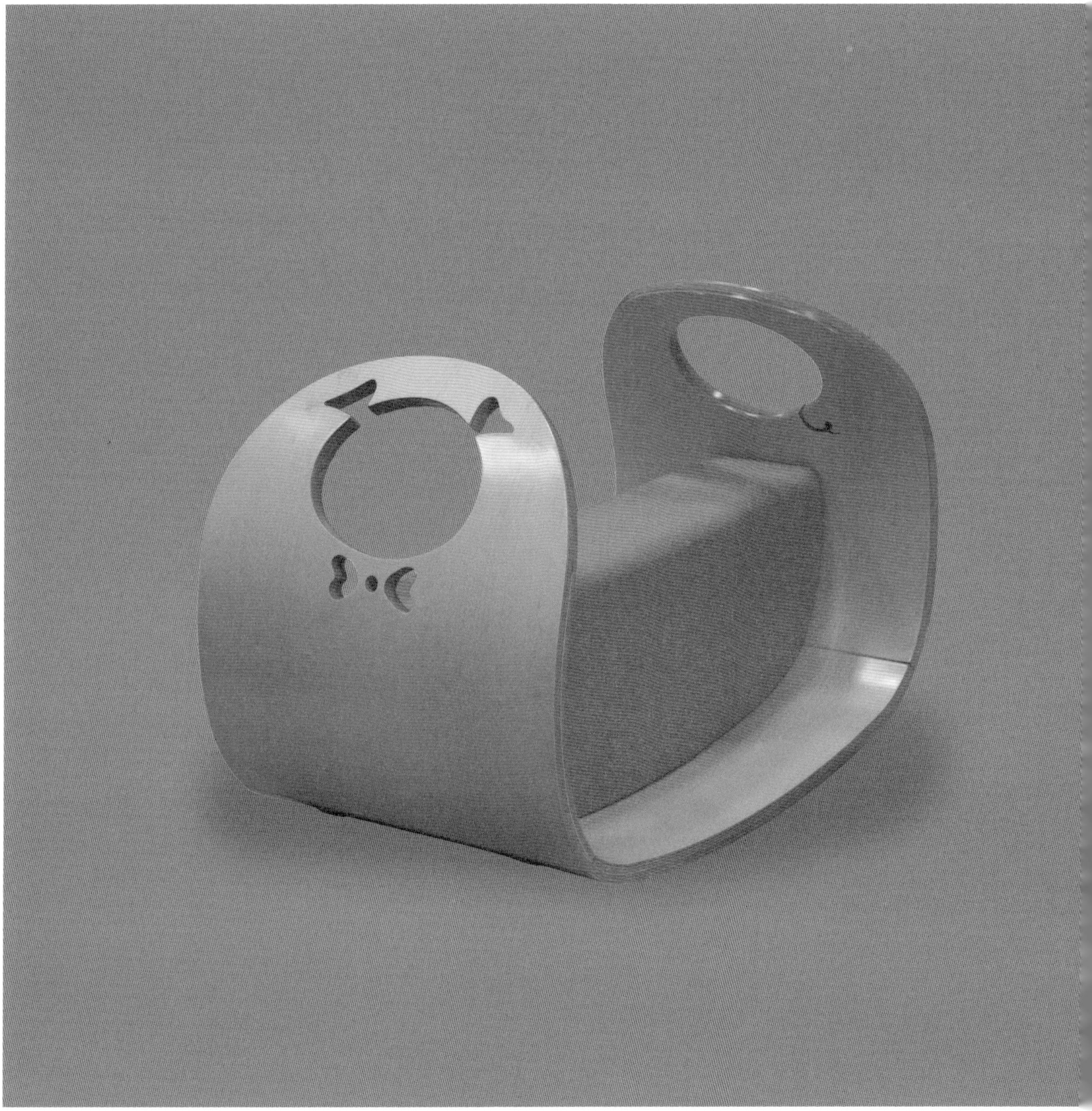

袋鼠桌

张秀珉（韩）、梁韩星（韩）、金延柱（韩）

木夹板贴皮、水性开放漆

桌子 1400mm×500mm×720mm

凳子 480mm×350mm×410mm

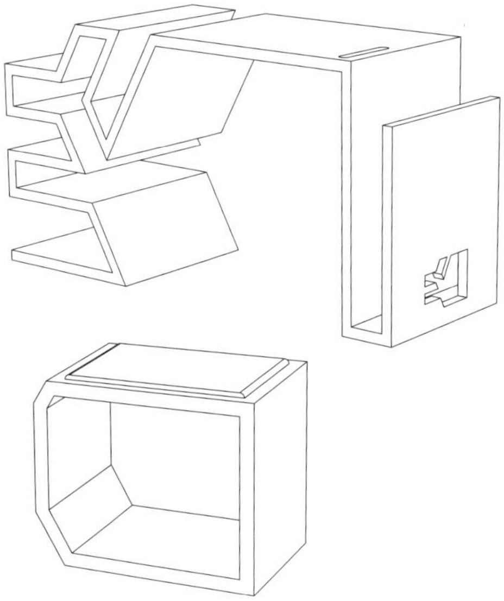

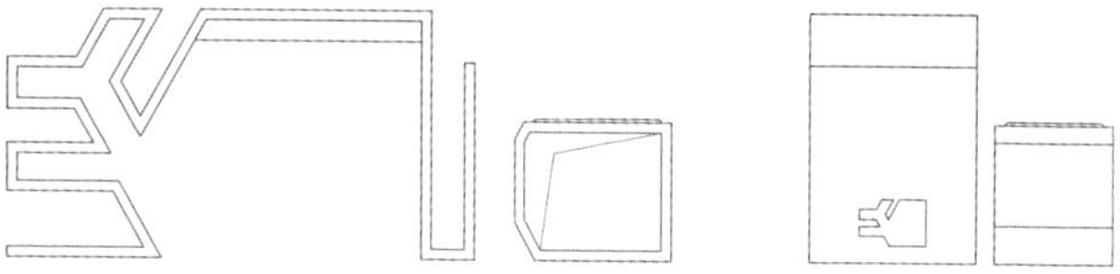

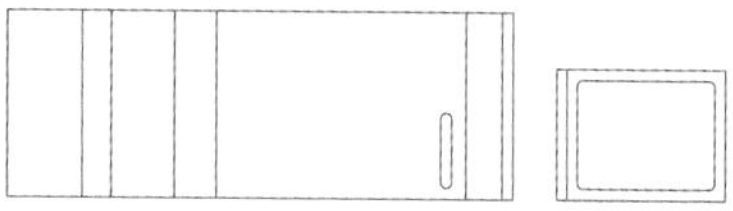

这是一张为设计专业学生设计的桌子，左侧多层转折结构可以放置书籍或用具，右侧可放置画板、纸张等。设计者介绍立面造型概念的灵感来自袋鼠，为了强调这一形象，在放画板的位置特意镂空进行提示，也增加这个面的趣味性。这是一件典型的艺术类院校学生的设计作品，非常注重造型，但结构并不合理。左侧部分是类似弹簧的悬挑结构，为保证形象的纯粹性，学生坚持不在中间加任何的支撑，右侧只有下部连接，强度显然也有问题。但师傅们很给力，支持学生试错，想尽办法改进，虽然成品强度不是很好，但居然还是实现了。从中我们看到学生对设计理念的坚持和师傅对创意想法的支持。

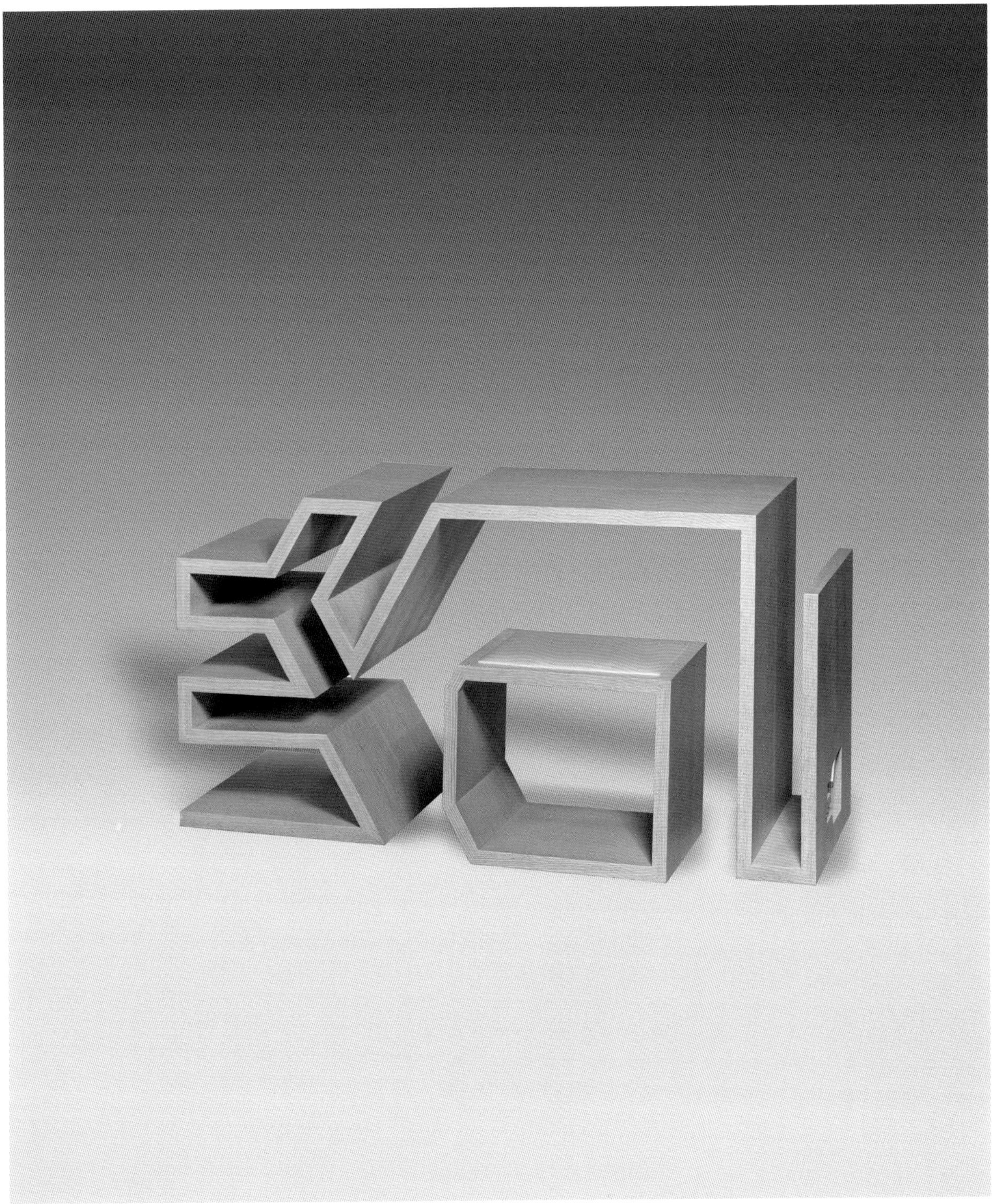

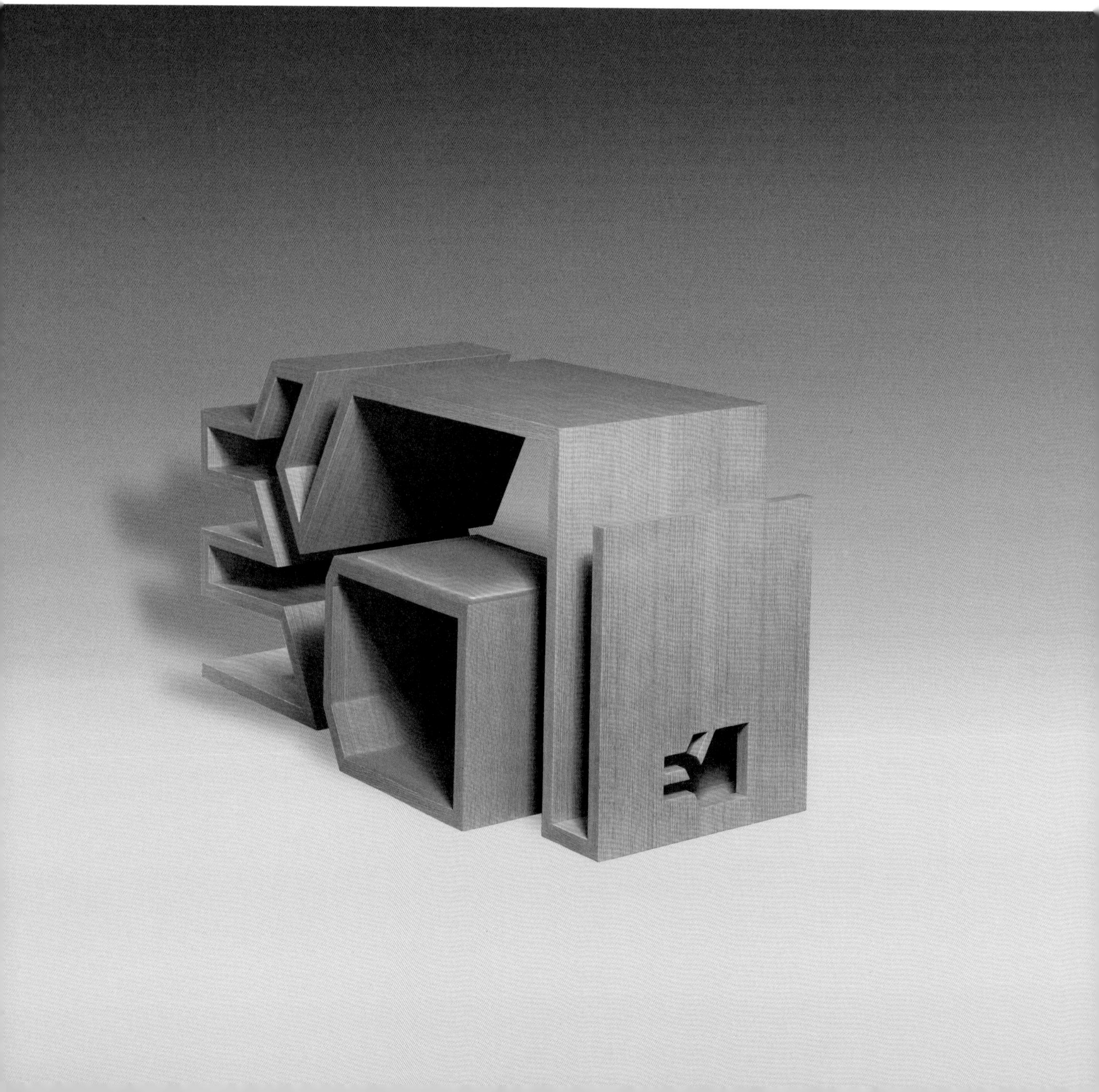

意外沙发

王兵、李璐宁

多层板贴木皮、织物软包

590mm×590mm×390mm

400mm×400mm×300mm

300mm×300mm×300mm

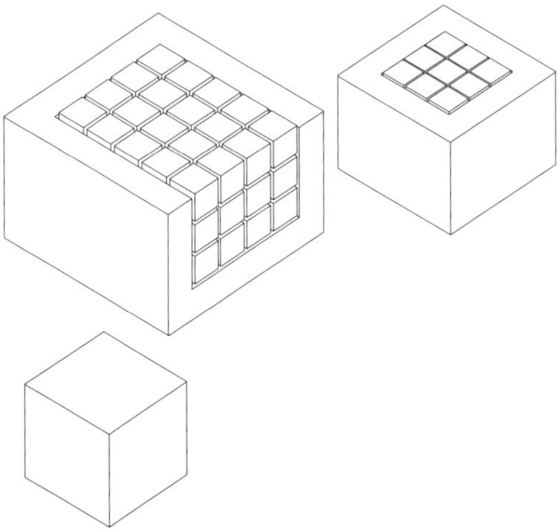

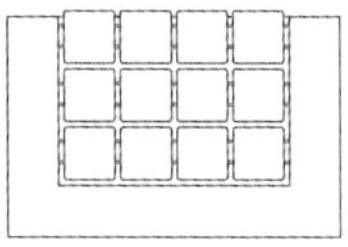

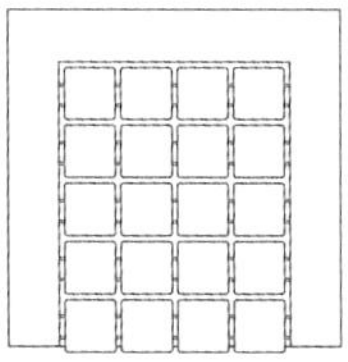

逆反心理似乎是许多学设计者的共同特点，这也成为创新的原始动力。沙发座面柔软、周围支撑结构硬实似乎是理所当然，学生偏不信邪，欲将其颠覆，就座部分总体硬朗，但还要有一定弹性以保持舒适度，周围结构柔软，设计概念就此诞生。于是座面采用小木块，中间以弹性材料连接，各层间隙就是承重时可下沉的空间，周围的支撑结构最终由于软包垫不够厚，使冲突感并不强。为增加对比，学生又增加了两个视觉逻辑正常一些的作为配套，共同组成完整的设计。

长颈鹿照明椅

李顺金（印尼）

木夹板贴皮、水性开放漆

400mm×346mm×300mm

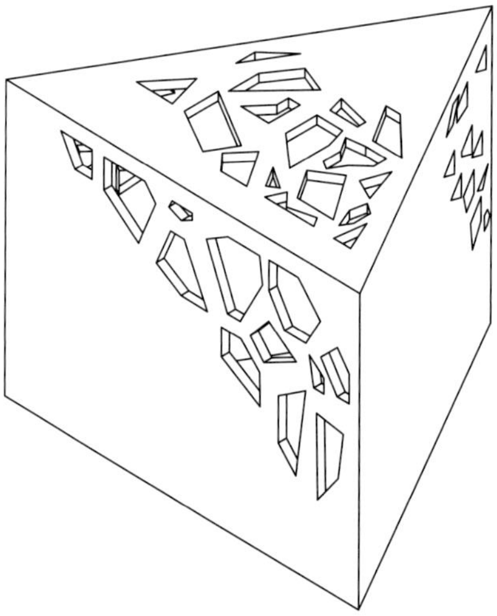

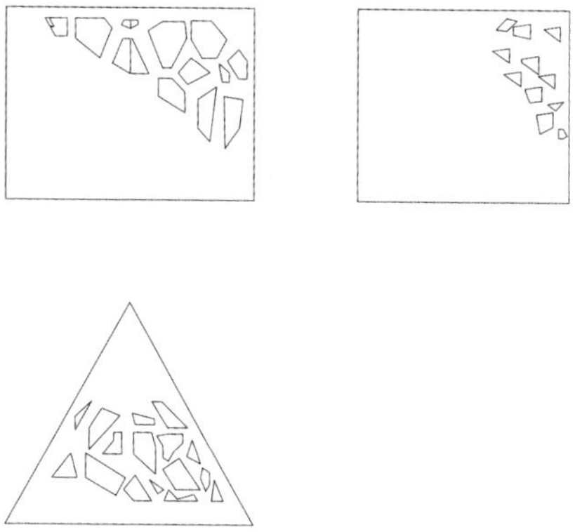

这件作品同样是一套组合多功能家具，单体的平面是等边三角形，如果是六件可组合成六边形，单独作为坐凳使用，叠摞可以是茶几或置物台。透空部分的形状来自长颈鹿身上的斑纹，这些透空斑纹使平淡的设计有了几分生动，学生还在内部设计了照明以提供更多的视觉趣味。

2009 年 /2006 级 清华大学美术学院本科家具设计实践教学

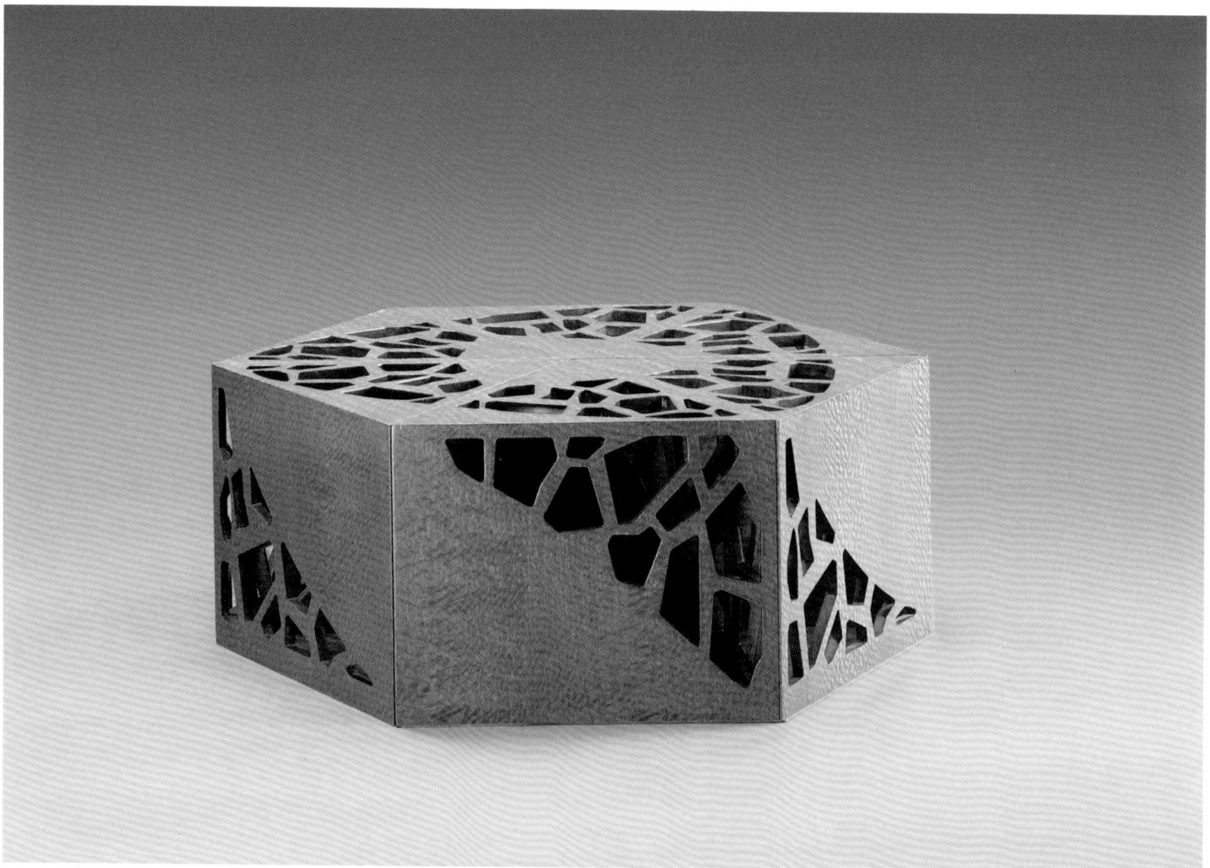

2010

实践学生：2007级

指导教师：于历战

张月

立式床头柜

何平置物台

坐墩

透光茶几

书意躺椅

花瓣椅

组合凳

黑雪

立式床头柜

陈依依、陈韵

白橡木、亚克力灯片、皮革软包

400mm×433mm×1240mm

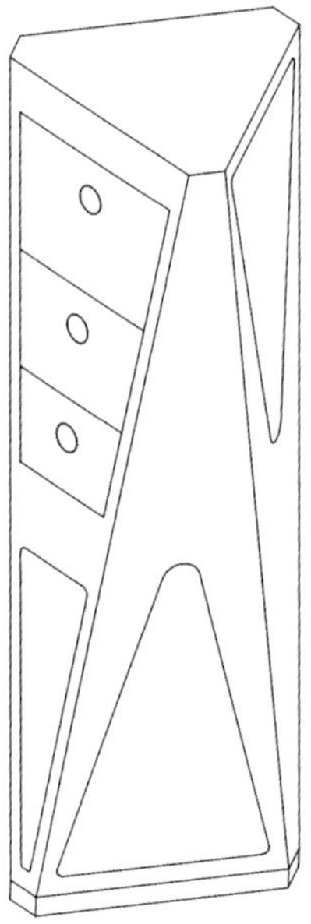

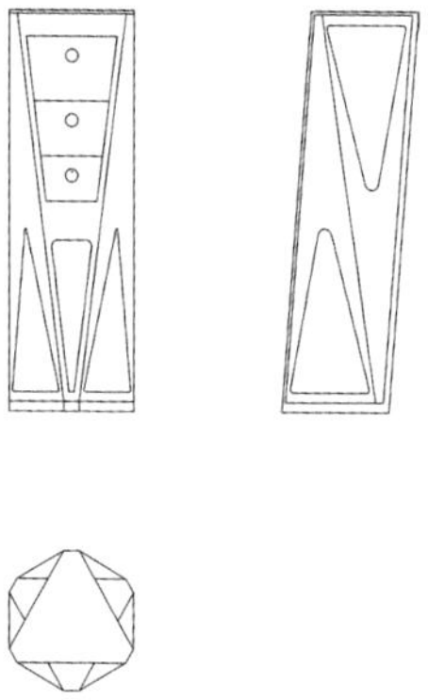

卧室中高的床头柜很少见，此款床头柜形体是由上下两个方向相反的三角形连接而成。设计者希望内部有灯光，并能贯穿整个形体，可以储物的同时还可以作为夜灯使用，于是便将上部三个抽屉底板选用玻璃材料，但如果放上东西，承重和视觉效果恐怕就会打折扣。

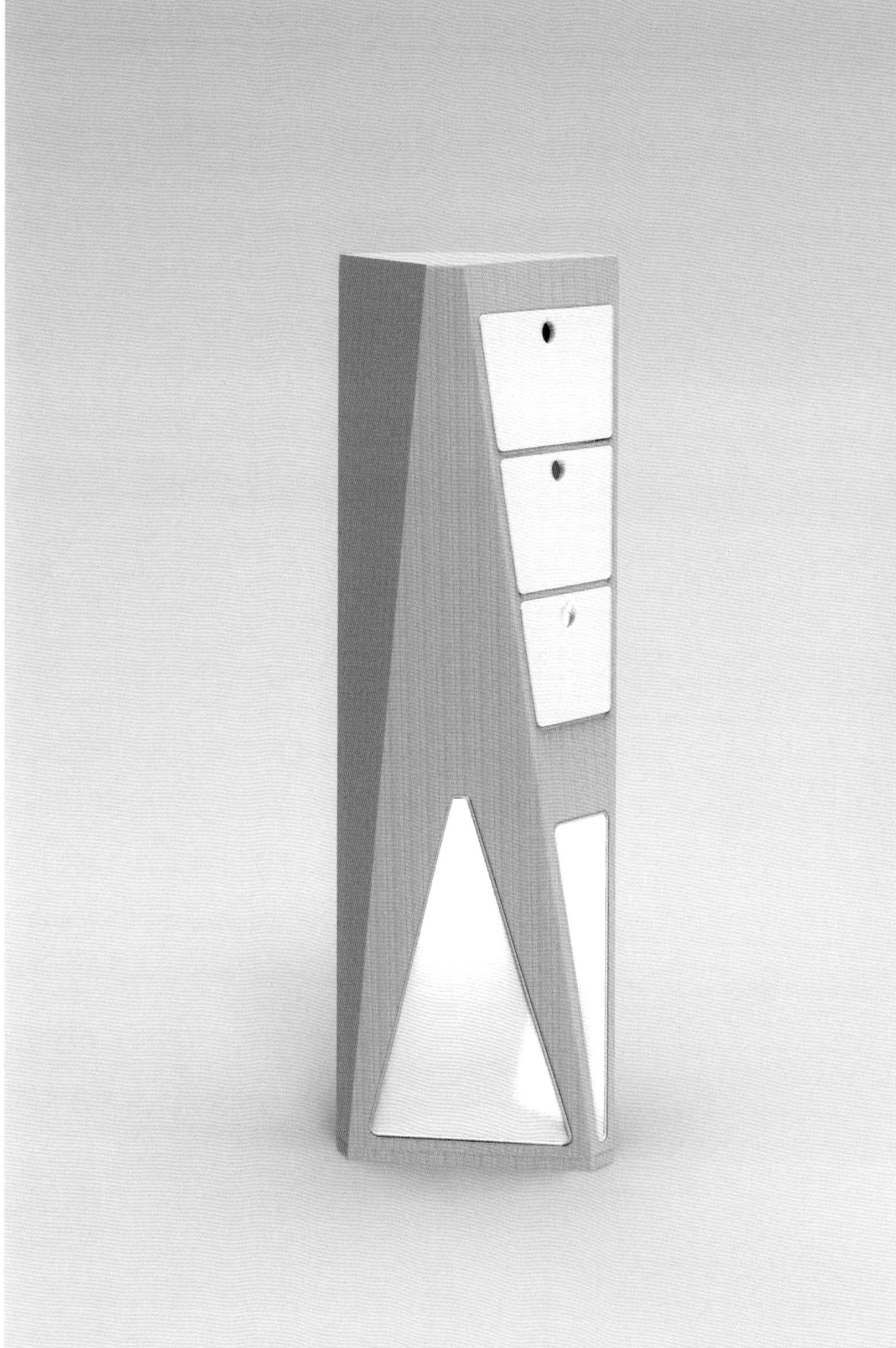

何平置物台

方丰阳、关昊

白橡木、白磁漆

1200mm×500mm×418mm

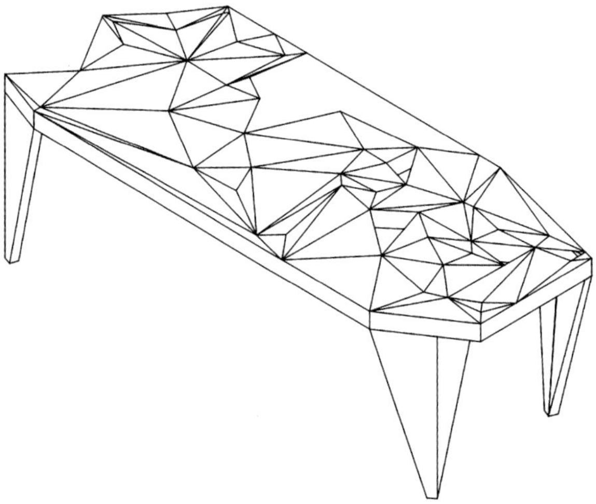

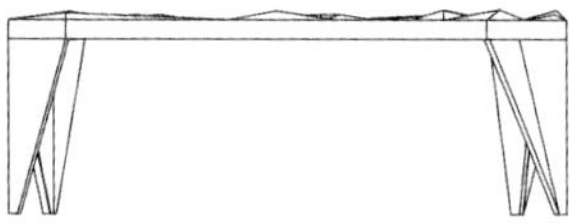

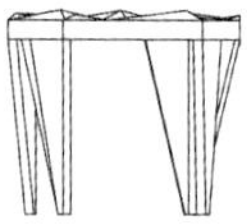

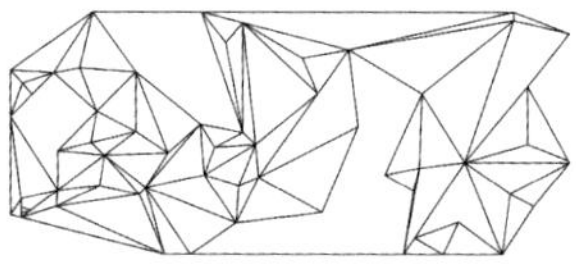

设计师最重要的基本素养就是逆向思维，即创新思维，很多人的逆反心理应用于专业领域会有同样的效果。桌面、台面应该是平坦的似乎是常识，但这位设计者却偏偏不走寻常路，将台面设计得凹凸不平，如果是供书写等对平整度有要求时，这样的设计肯定不妥，但作者声称是供类似专卖店等摆放衣物、鞋、手包之类使用的置物台，如果能正好契合整体形象设计，还是很有创意的选择。

坐墩

胡游柳、周倩倩、碧帕招希（尼泊尔）

织物软包、皮革软包

600mm×600mm×600mm

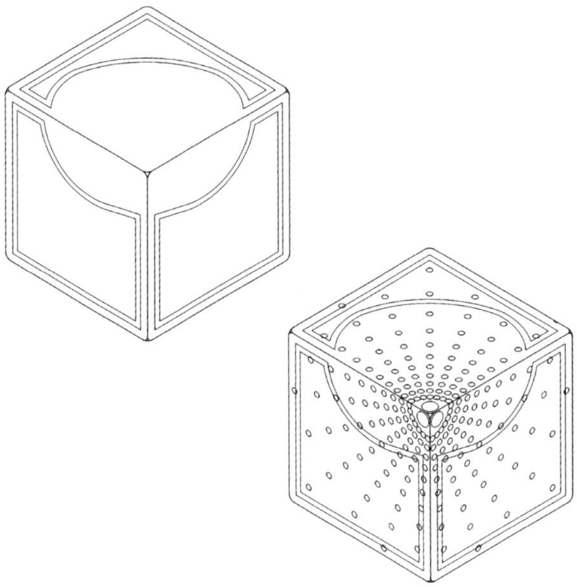

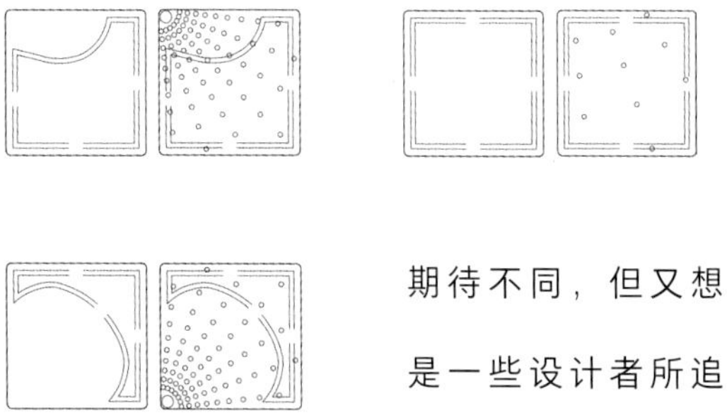

期待不同，但又想做得不露痕迹，于是，低调有内涵便一直是一些设计者所追求的境界。这款设计外形看似普通，但内部暗藏玄机，包覆正方形体的皮革下面根据人体接触的部分利用海绵做得有软有硬，包缝线和不同疏密的包扣暗示了使用者应该坐的部位，而不同的位置也会带来不同的体验。

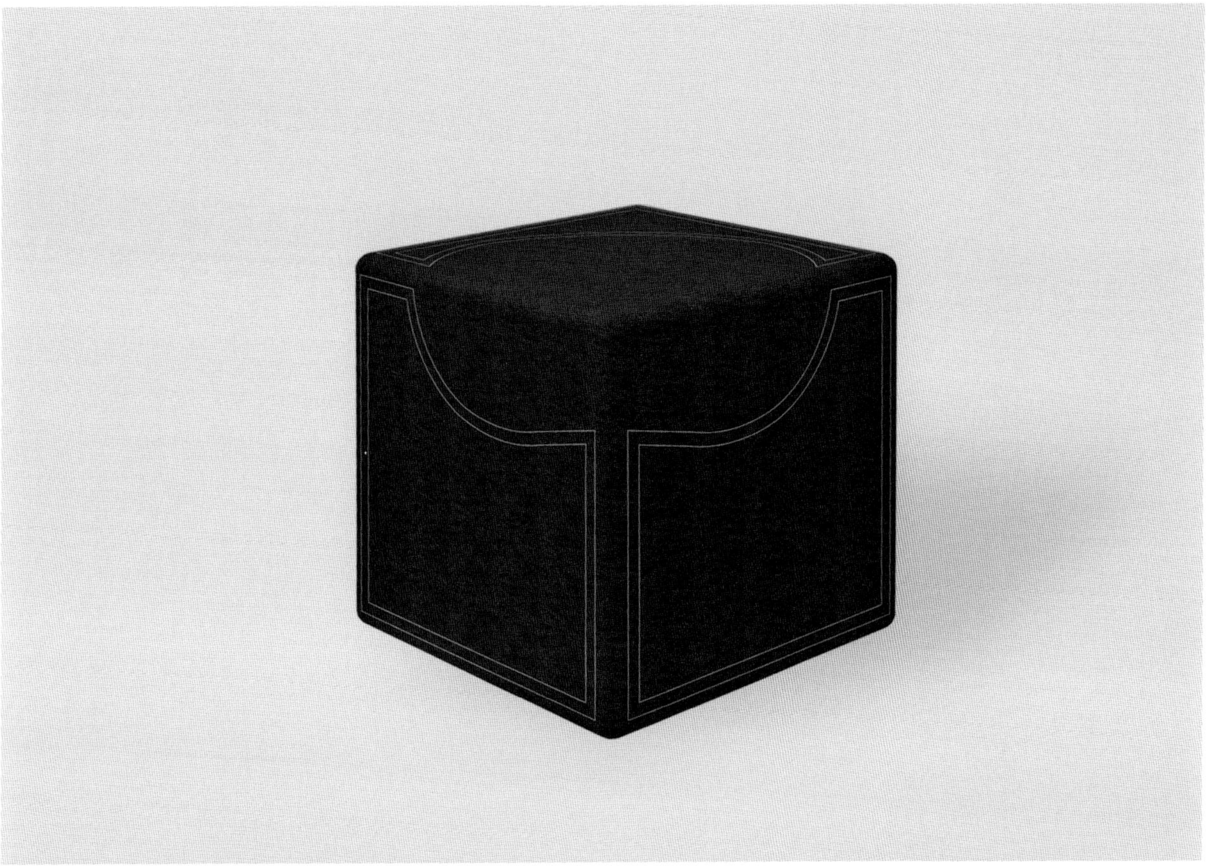

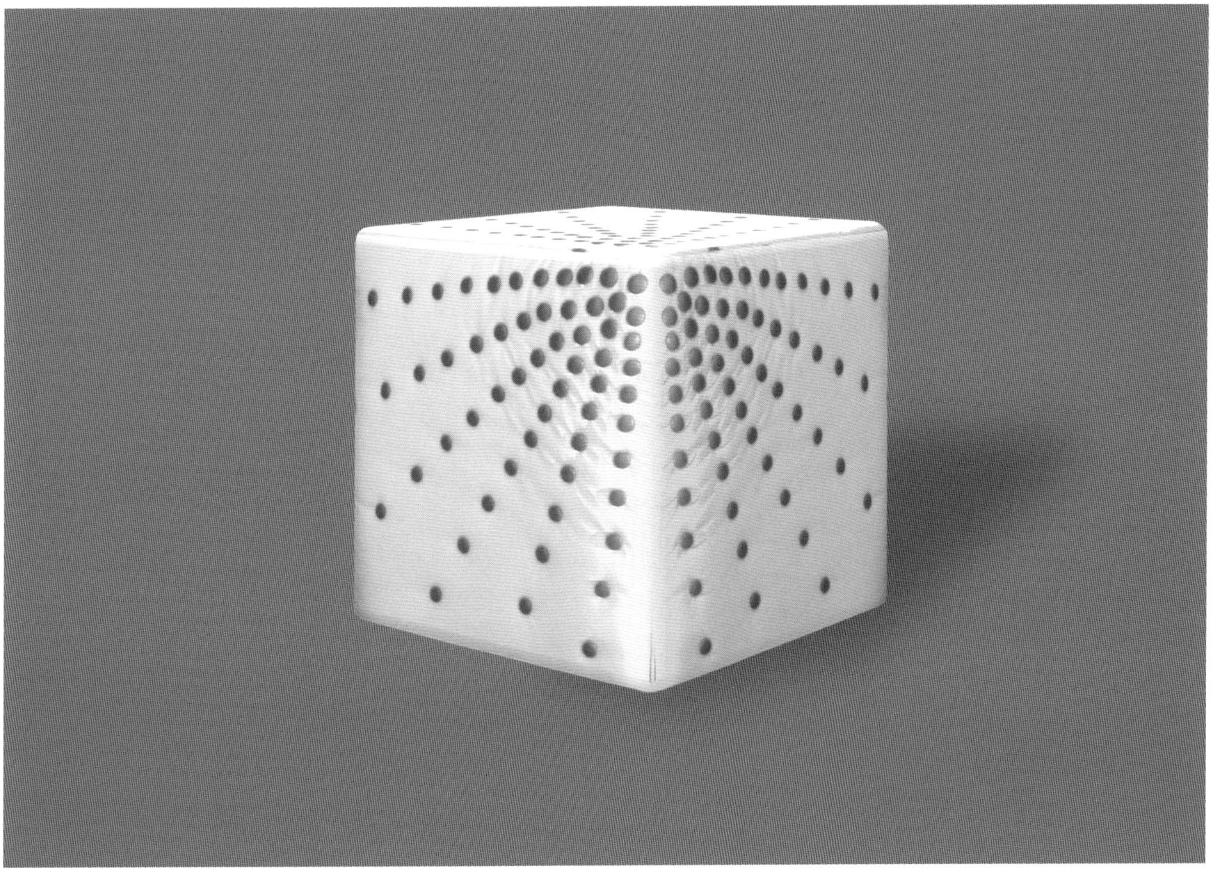

透光茶几

罗璇、秦潇

木夹板贴皮、水性开放漆

1000mm×866mm×400mm

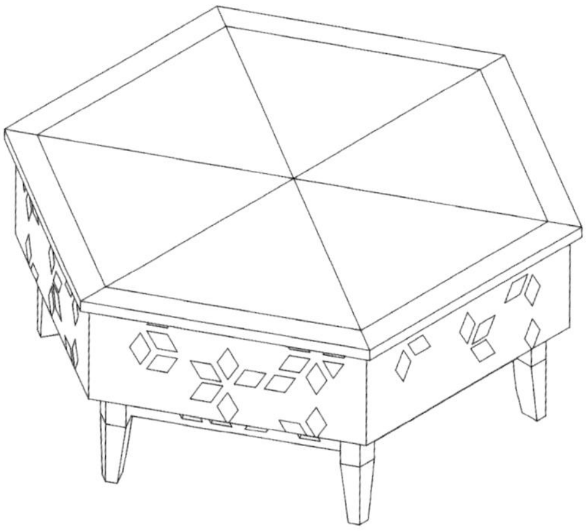

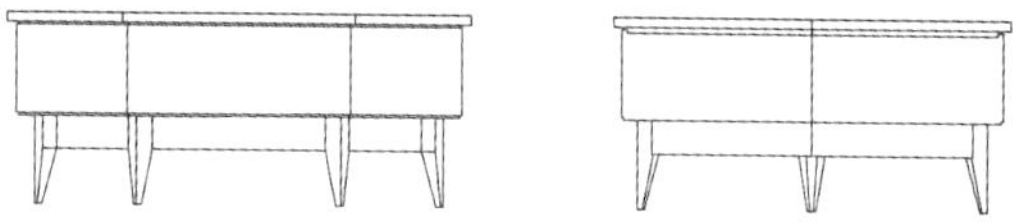

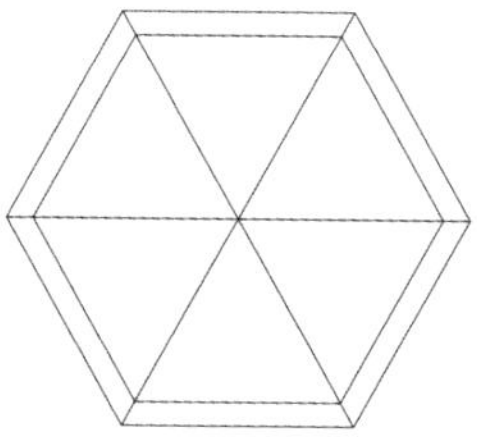

这件茶几设计的特点在于表面的图案装饰，侧立面上有菱形起伏的造型，台面是不同方向的木纹拼花，尤其是位于底部的底板透空图案，学生希望通过内部的灯光在地面呈现清晰丰富的光影效果。但他忽略了一个常识，即光源距离被照射物体过近，根本无法打出清晰的投影。底部的灯光也使侧立面处于暗影之中，较为深色的材质颜色使上面的图案也很难显现出来。

书意躺椅

刘平、李昀

木夹板贴皮、水性开放漆、皮革软包

1585mm×500mm×950mm

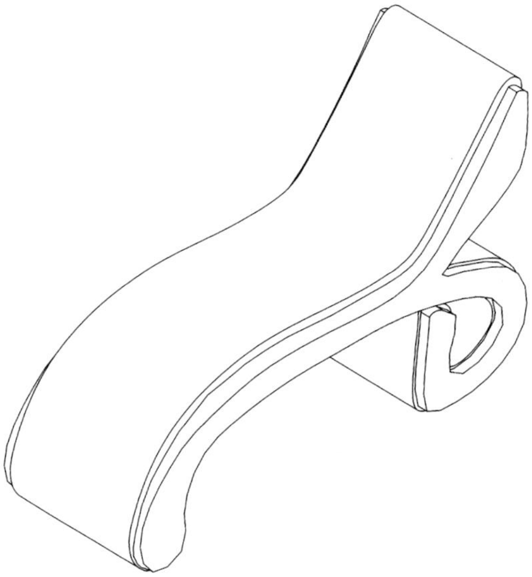

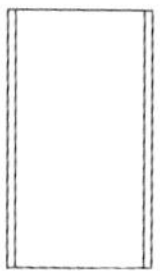

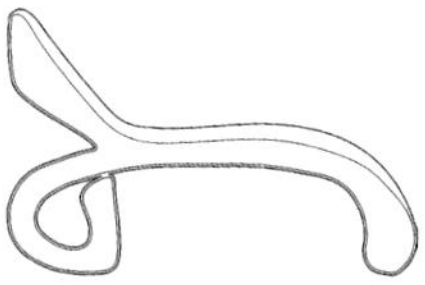

设计者声称这件作品侧立面形态的设计概念来自中国书法的笔意。这是一件多功能的坐具，将其躺倒可以作为躺椅，翻转立起还可以作为高靠背椅使用。但完成后整件家具显得硕大笨重，翻转起来也不容易，而最初设想的书法笔意也很难感受到。最关键的是最初书法的设计概念与这件家具功能并没有直接的关联。

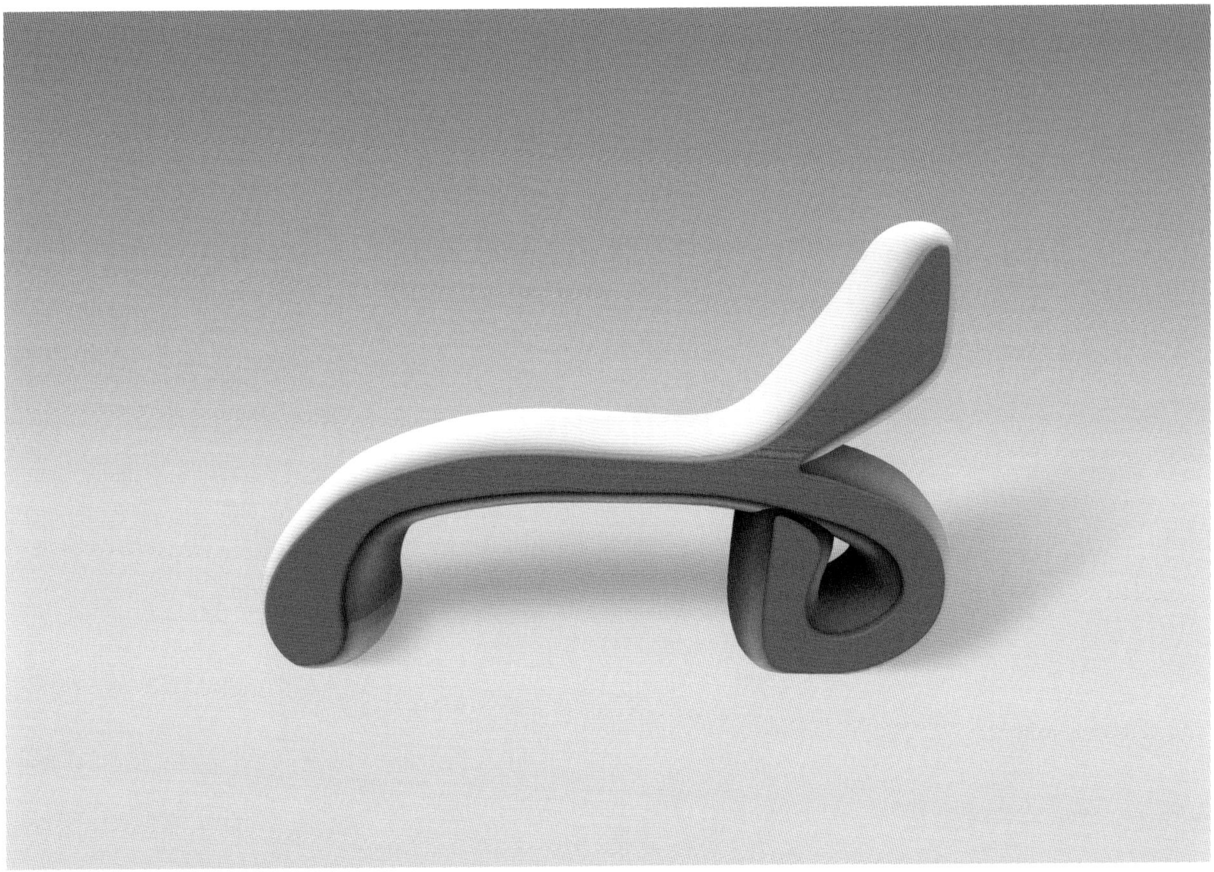

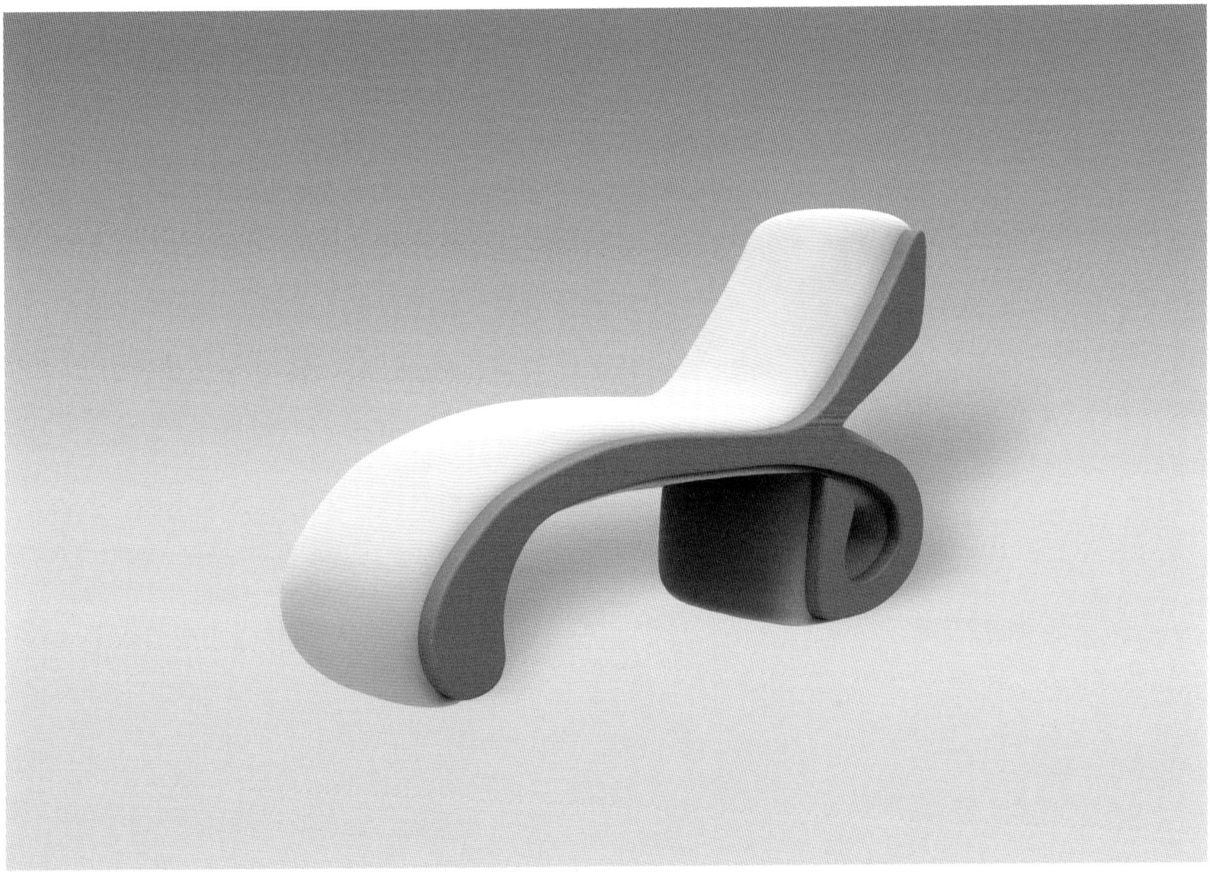

花瓣椅

刘胜男、刘浏

不锈钢金属管、皮革软包

700mm×650mm×800mm

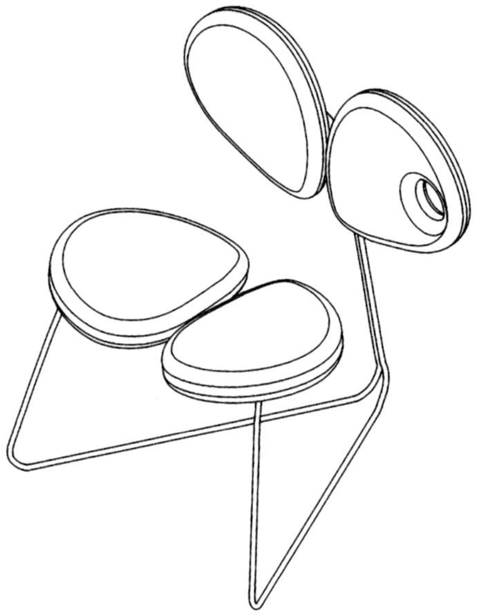

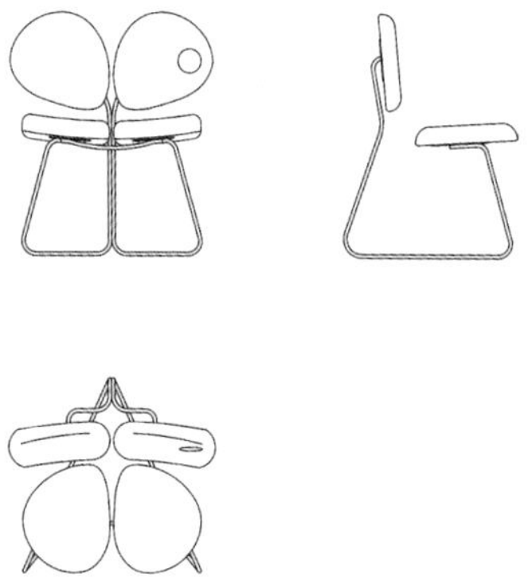

设计者阐述这件作品的灵感来自植物的花瓣，靠背上的圆孔被解读为花瓣上的露水。然而，非常浪漫有趣的概念被肥厚的软包造型给破坏了，如果每一片做得再薄一些，靠背与座面靠得再近一些可能会更形象。好在目前材料、尺度的选择比较好，坐感也比较舒适，纤细的不锈钢骨架既起到很好的支撑作用又不显得突兀。

组合凳

朴玟晶（韩）、王莹（印尼）

木夹板贴皮、水性开放漆

300mm×400mm×408mm

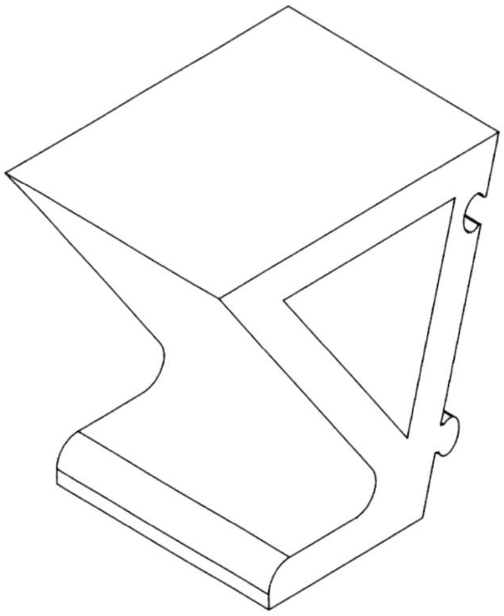

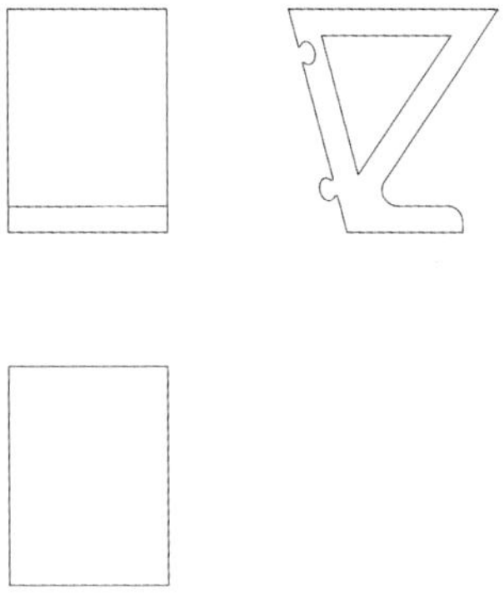

这一组作品概念上是由单元模块组合形成的多功能家具。特别之处是其连接方式，它是利用拼图的结构原理进行连接，从而形成新的形态和功能。连接后非常牢固，但由于连接处轨道行程较长，咬合紧密，组合过程并不轻松。形体稍显呆板，完成后的功能也未见有多少变化。

黑雪

邱珊妹（毛里求斯）、利佩珍（马来西亚）

白橡实木、仿木纹色漆、平板玻璃

桌子 800mm×800mm×450mm

凳子 305mm×305mm×425mm

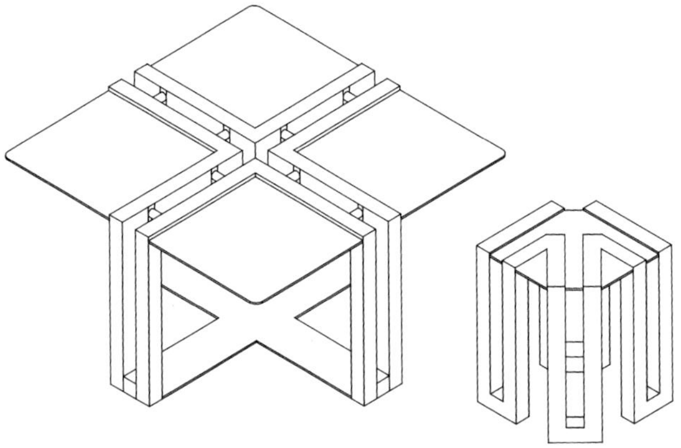

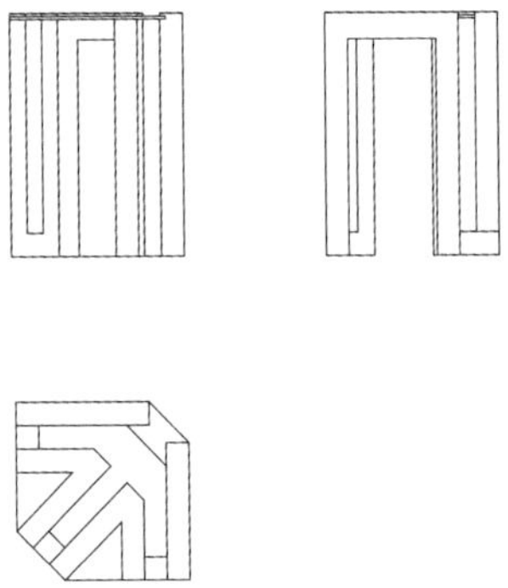

这套家具设计概念来自雪花，由一件茶几和四个坐凳组成，组合在一起的平面是雪花的形态。设计概念很是浪漫，但结构有些不合理。茶几面结构部分是中间的“十字”，周围由四块独立的悬挑的玻璃构成，中间十字形的木条与玻璃连接强度很差，尤其在玻璃最外边的直角。坐凳的玻璃在结构的下方，也没有起到任何实际作用。最不能接受的是主体造型被刷成近乎黑色，使雪花造型的浪漫荡然无存。

2011

实践学生：2008级

指导教师：于历战

刘铁军

桌椅

折叠躺椅

曲线茶几

衣帽架

组合凳

沙发柜

翻页柜

蜘蛛椅

组合茶桌椅

桌椅

丁点点、金永才

木夹板、水性开放漆

646mm×584mm×1015mm

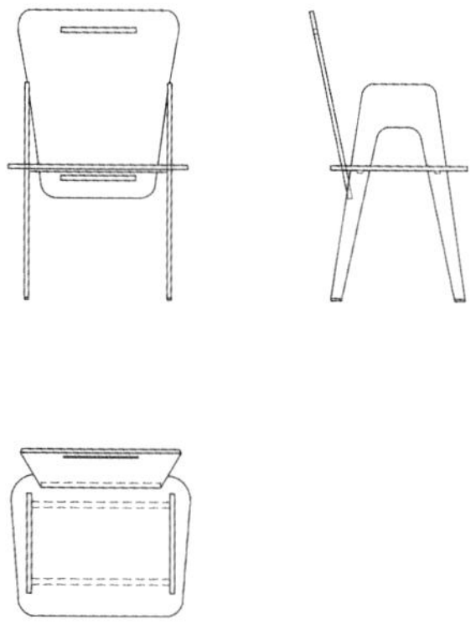

这是用两套一样的板材以不同方式组合成的桌、椅，在设计上设计者试图强调部件的通用性和功能的可变性，是有益的尝试。但忽略了结构的稳定性，尤其是“H”形支撑结构的椅子，没有其他辅助的连接固定，左右晃动很厉害，几乎无法承重。同样部件组成桌子后尺度并不合适，就算多加了一层板材连接形成“井”字形，仍然左右晃动，不具有实用性。设计仅从概念和形态出发，没有很好地考虑形态与结构的关系，造成最终成品与理想效果有相当的差距。

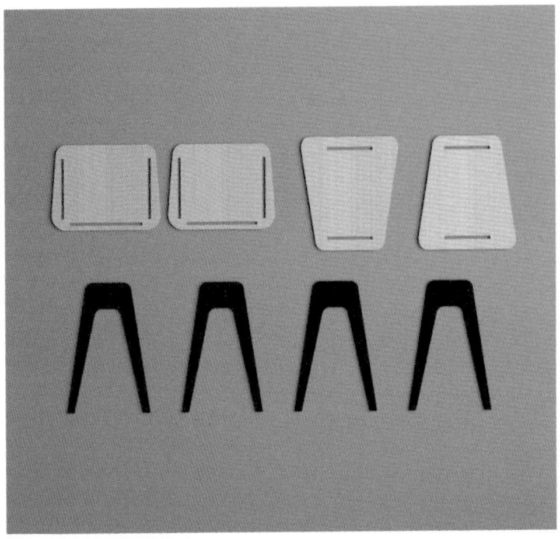

折叠躺椅

崔妍姝、史泽尧

中密度纤维板、水性开放漆

500mm×607mm×400mm

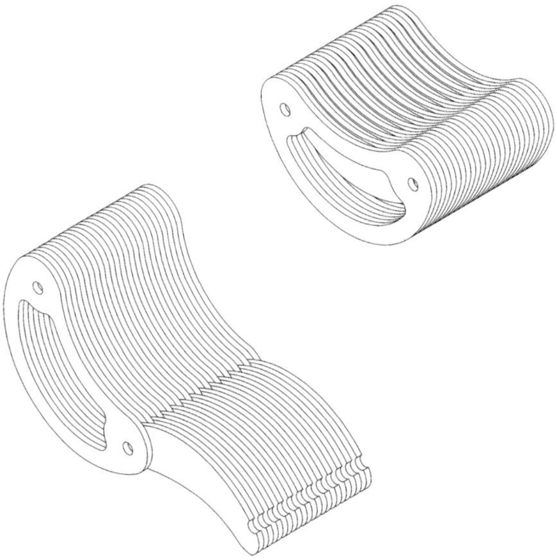

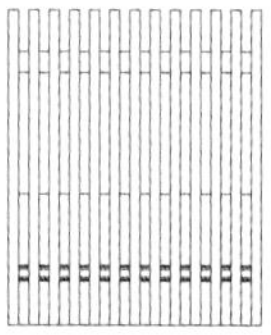

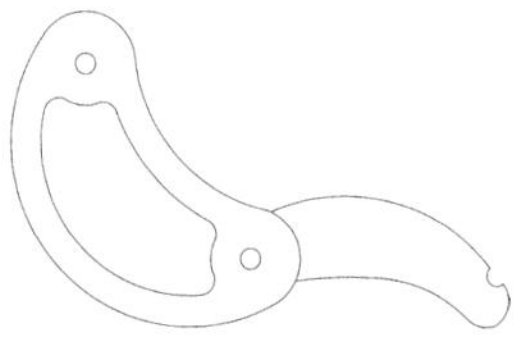

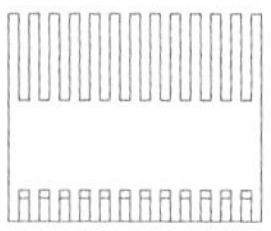

此设计是一件两用椅，由两组不同形状的板材相互嵌套而成，打开后可做躺椅，支撑腿的部分折叠后能当摇椅使用，设计概念尚可。但由于完全使用中密度板，最终使得成品家具过于笨重，即使将板材中间掏空也依旧很沉。摇椅的底部弧度有着相对固定的尺度，此设计并未注意到这一点，底部弧度尺度过小，造成稳定性不理想，作为躺椅时可以勉强使用，整体实用性一般。

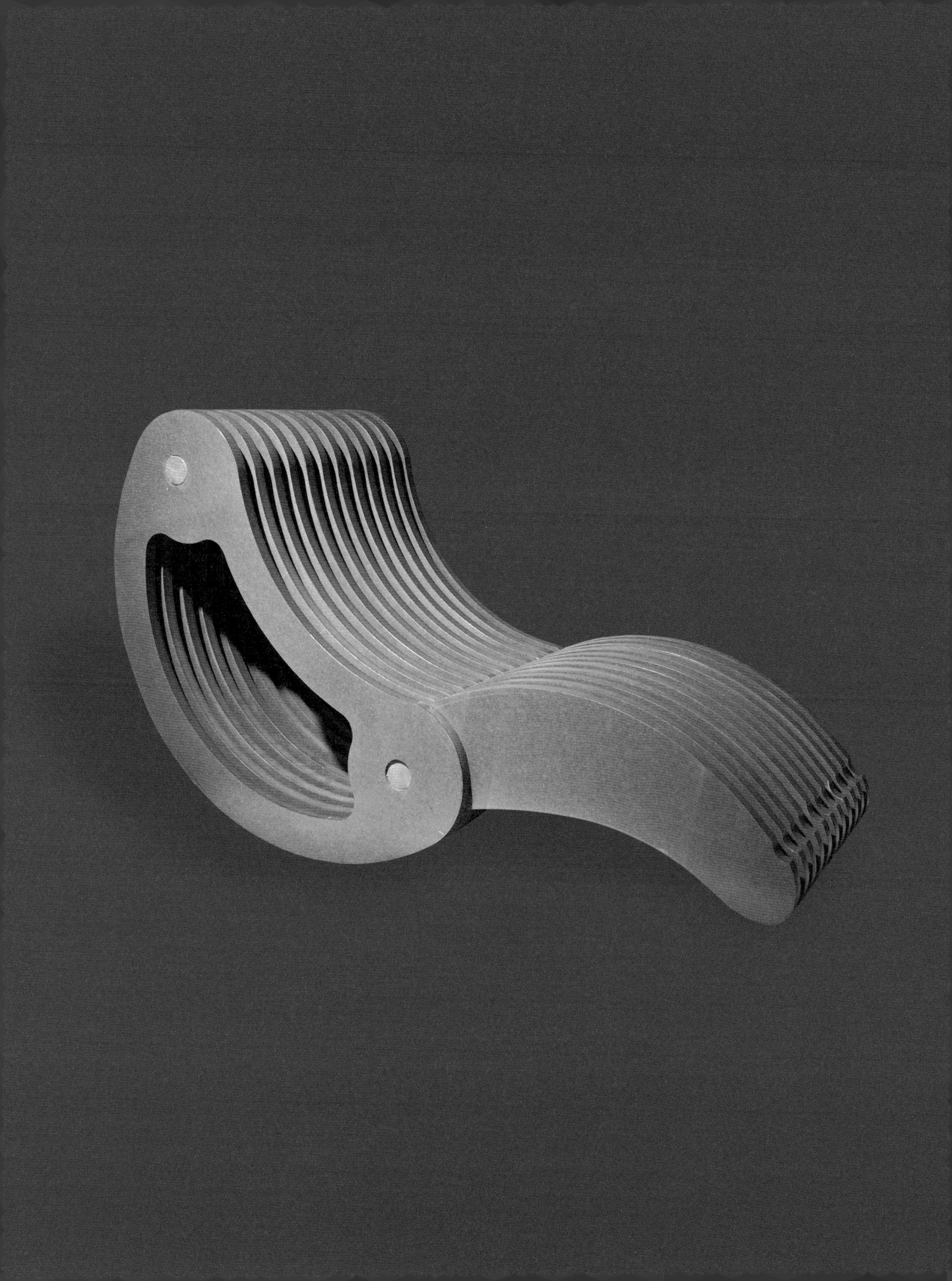

2011 年 /2008 级 清华大学美术学院本科家具设计实践教学

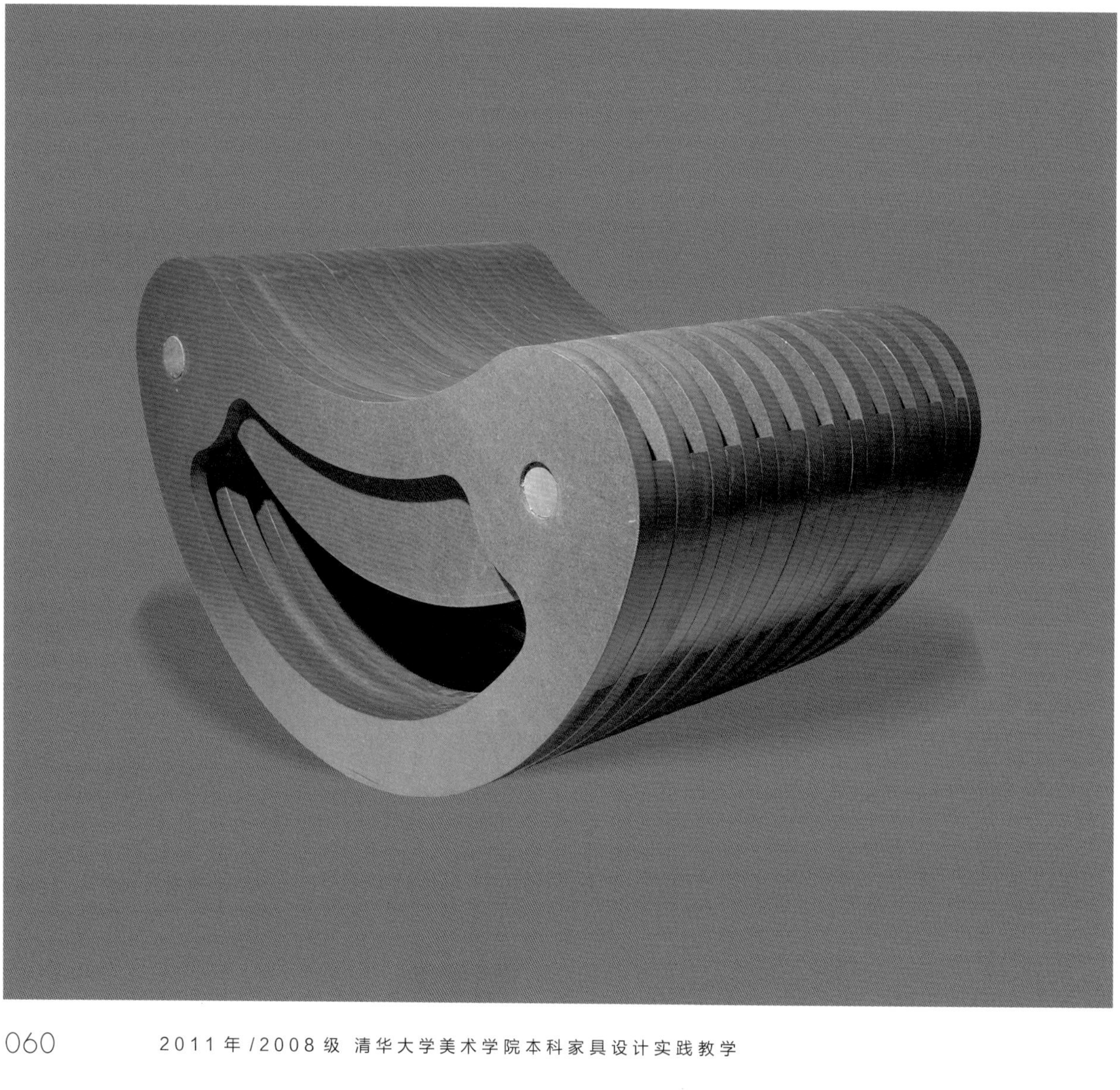

曲线茶几

孙永军

木夹板、水性开放漆

1391mm×592mm×270mm

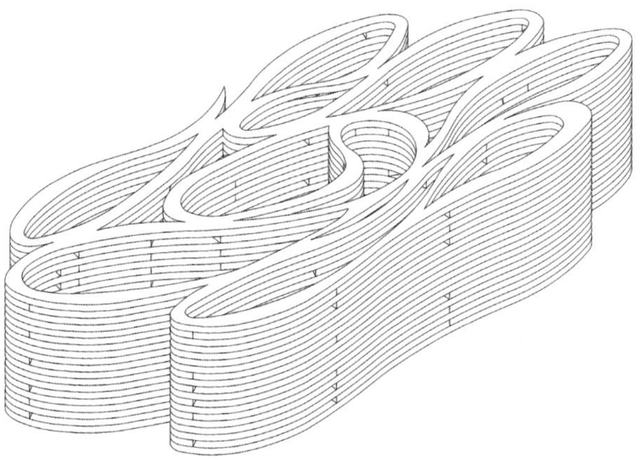

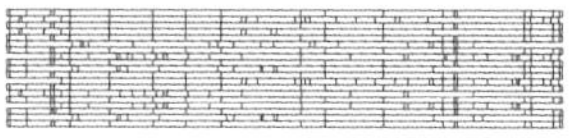

此设计概念突出的是拥挤在一起变化的曲线，是一组为饮茶设计的家具，包括茶台和两个座凳。茶台通过裁切成自由曲线的多层板叠摞而成，中间留有一些不同深度的空隙作为储物空间。单就家具本身形态来讲还是比较新颖的，设计者希望能够通过此家具表现出饮茶过程中闲适清雅的意境，但曲线过多过大的造型，显得有些夸张，使得功能特点与概念并不协调。此外，储物空间略显小，用多层板制作的茶台，也有被水泡开的风险。

2011年/2008级 清华大学美术学院本科家具设计实践教学

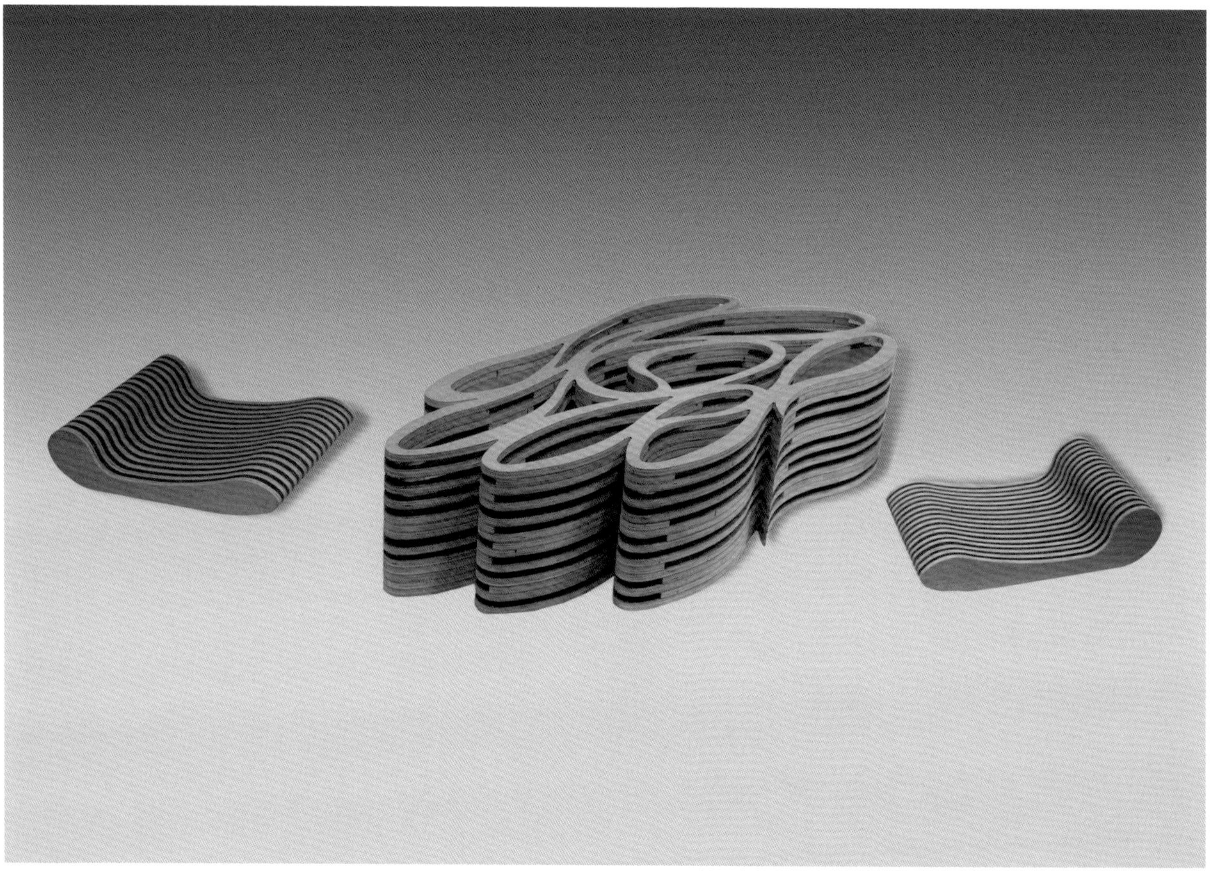

衣帽架

李晓慧、刘崭

红樱实木、水性开放漆

300mm×300mm×1885mm

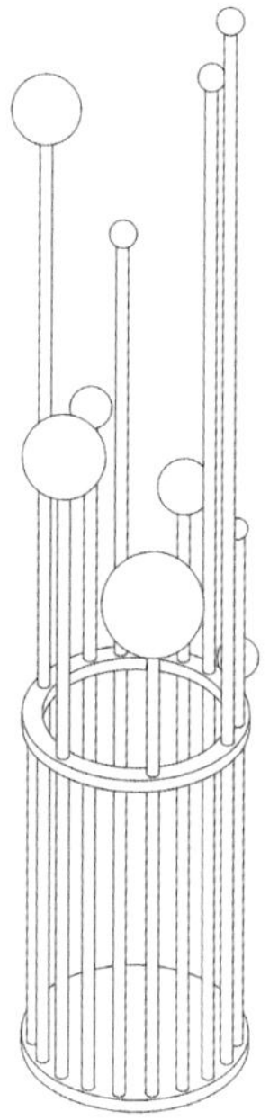

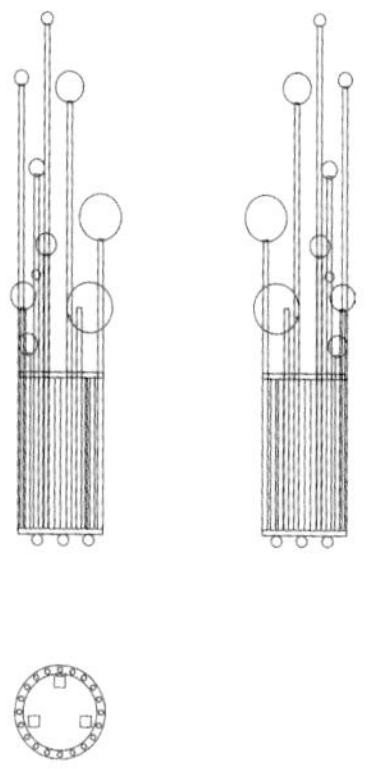

这个设计的概念来自野外植物的生长，成品是家庭用的衣帽架。圆筒部分可以放伞、拐杖等，它的特点在于支撑部件顶端是大小不等的圆球，可以保护挂上的衣帽不会变形，圆球上有孔，很生动，也可储物。高矮不一的外观意在模仿植物生长的形态，也可满足不同尺度衣物的放置。由于都是实木制作，支撑的细棍不久便出现变形，如果换成其他材料可能会更耐久。

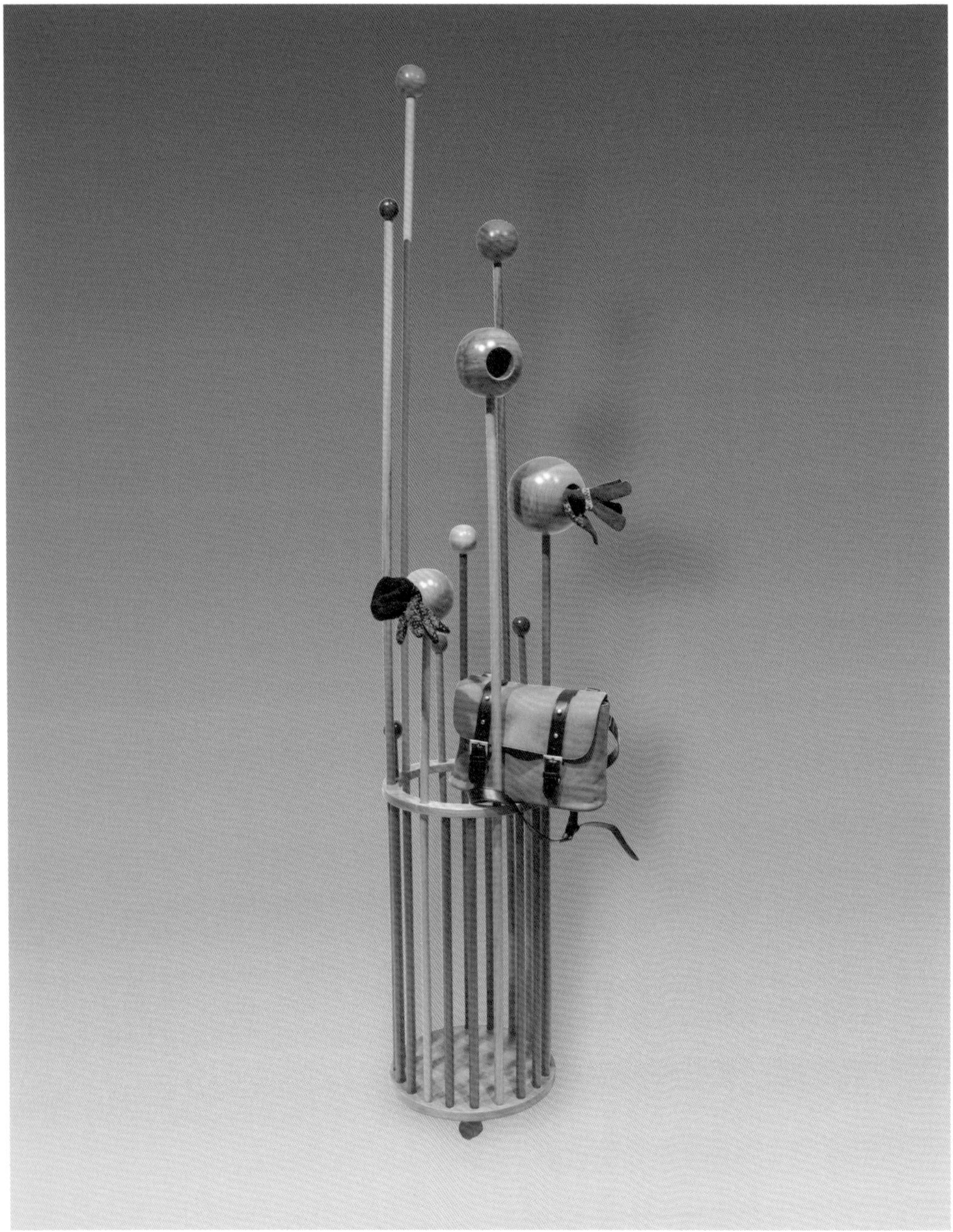

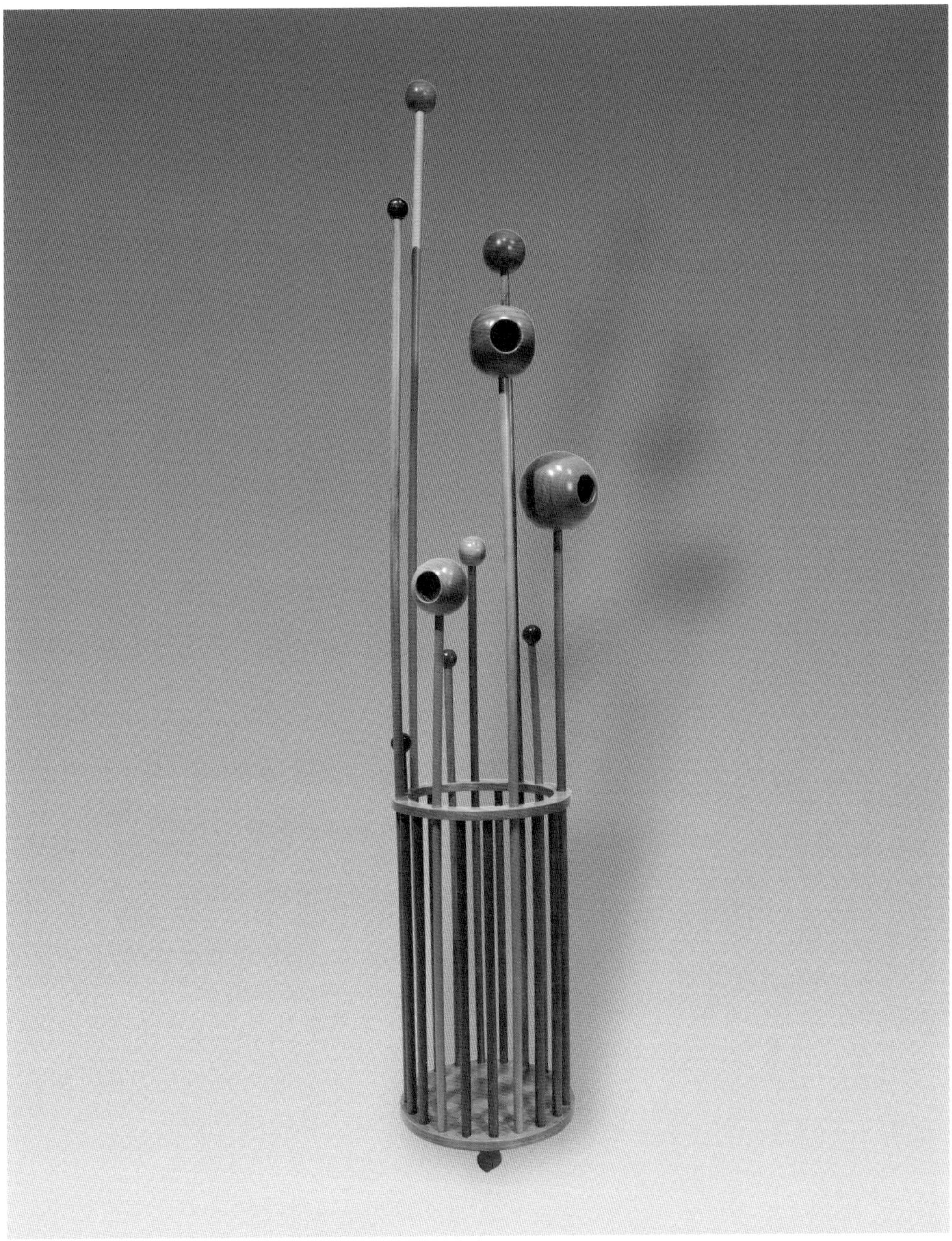

组合凳

官宇婷、陶鑫、任秋明

木夹板、水性开放漆

400mm×400mm×477mm

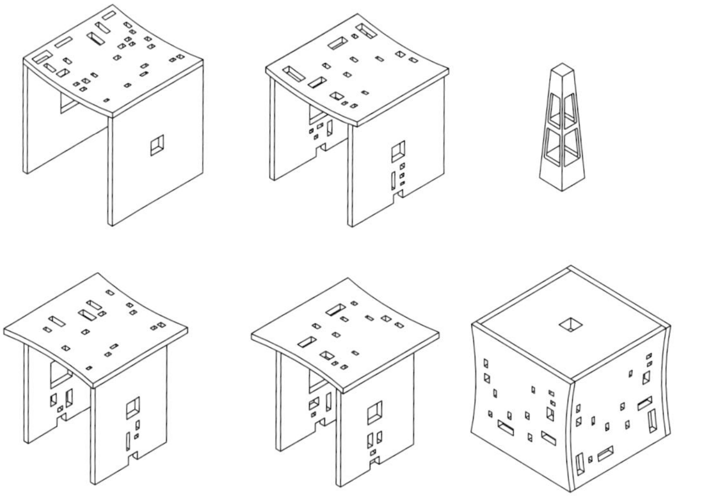

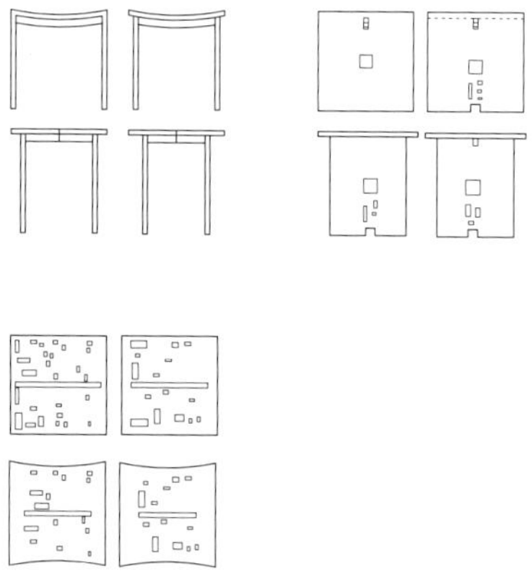

这是一组为了方便移动和拆装设计的坐凳，包含四个凳子和一个连接部件。四个凳子可以从四个方向插在一起，便于收纳，组合后用一个部件串起来，起到锁扣的作用。为了减轻重量和遮掩锁孔，每个面上都开了一些大大小小的洞，设计者希望在里面点上蜡烛并可以透出点点光线。而实际情况是，木材形成过小的闭合空间内并不适合用点蜡，开孔几乎被厚厚的板子遮住。完成后的成品能够完美地拼合在一起，但组合后的木盒没有想象中轻，仅靠两根手指提起还是有些费劲。

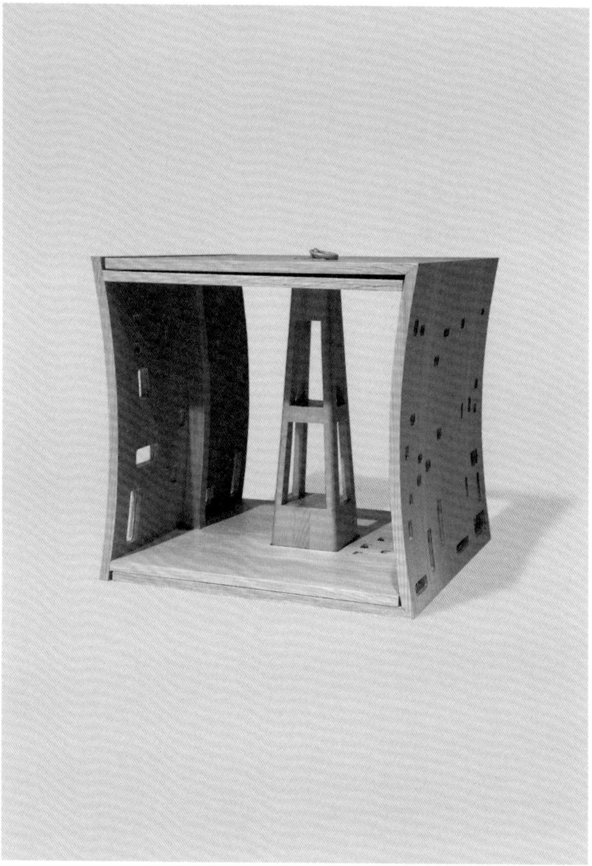

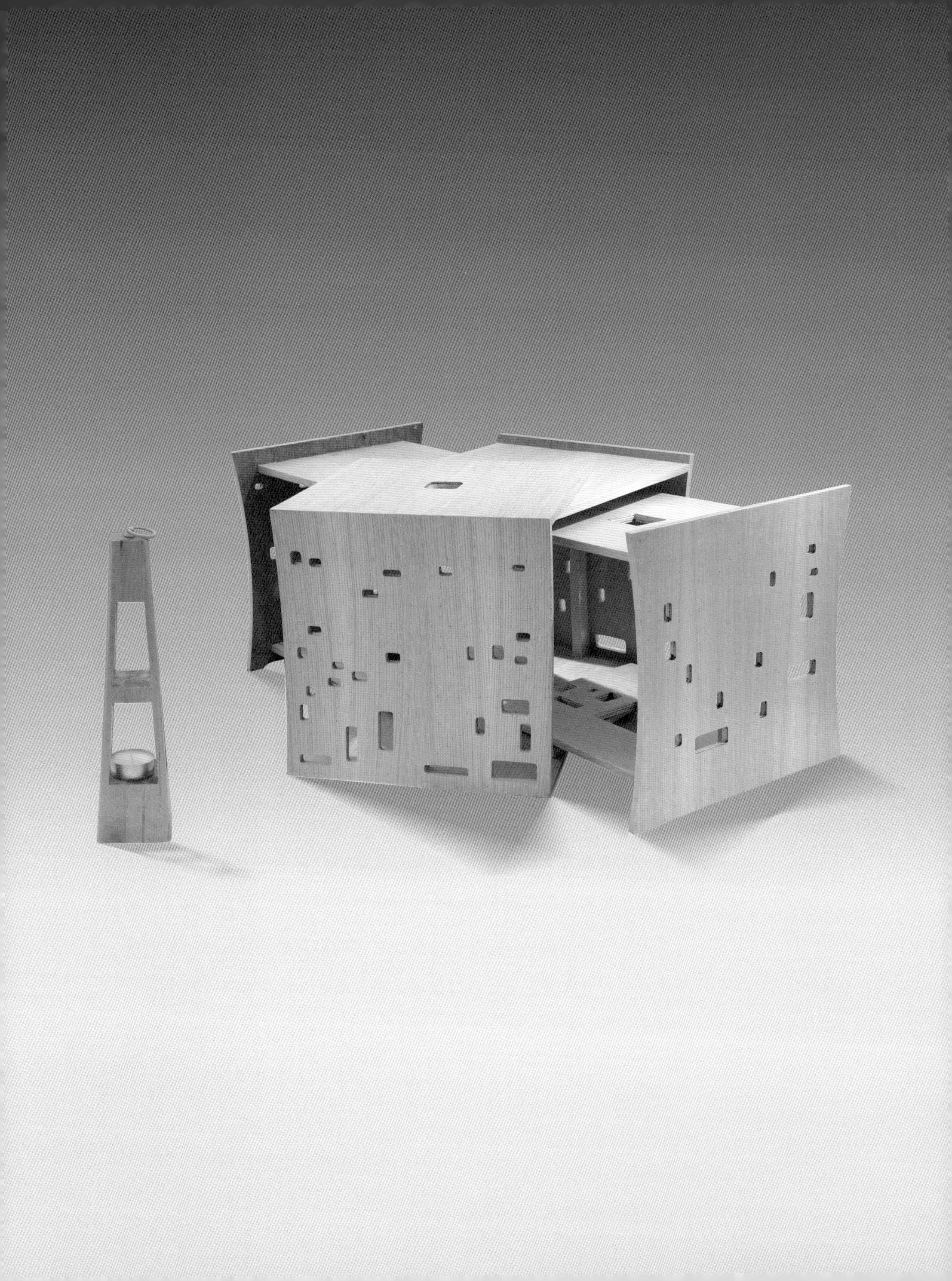

沙发柜

梁小梅、纪薇

木夹板、水性开放漆、织物软包

800mm×400mm×500mm

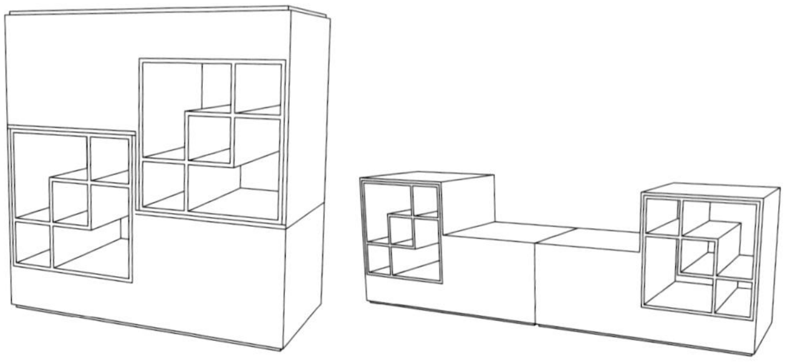

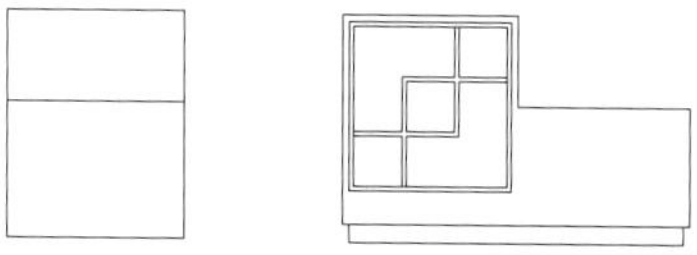

这是一件看似简单但却实用的家具，软包的坐具内嵌入可供储物的格子，格子起到分隔作用的同时，也可作为很好的结构支撑，同时，格子造型中略带中国传统韵味。原设计是两件相同的家具，另一件翻转可很好地相互叠摞，节省存储空间。整件家具朴实、实用，但细想似乎缺乏相应的使用场景，体积和重量又使得移动翻转起来较为困难。

翻页柜

欧阳凤、贺佩

木夹板、水性开放漆、织物软包、不锈钢金属管

450mm×580mm×1010mm

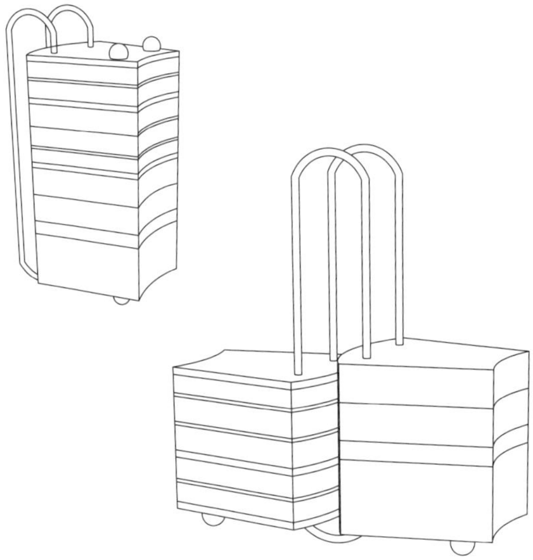

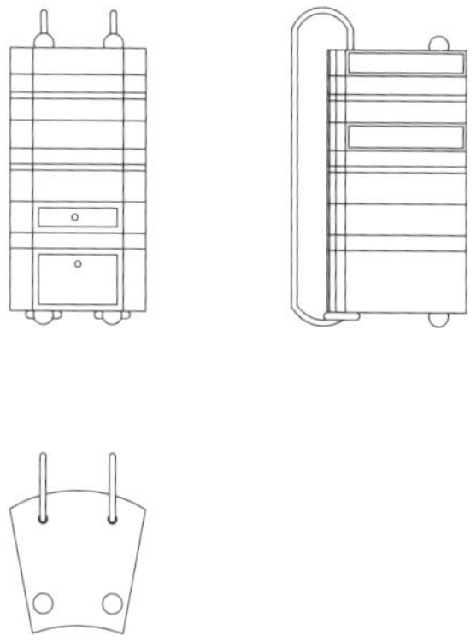

据学生陈述，这是一件受翻页日历启发而设计的家具，多个存储空间和不同厚度、层数的软垫叠摞在一起，可根据使用需求灵活翻转叠摞以满足不同的使用场景。原始概念尚可，只是转译过于直白，翻转过程均需小心翼翼地经过金属立杆的最高点，颇为麻烦。存储空间和舒适度都不是特别令人满意，与人的使用行为并不相符。但能够实现出来，并在实物中发现问题，可以作为设计概念初期阶段实验性的尝试。

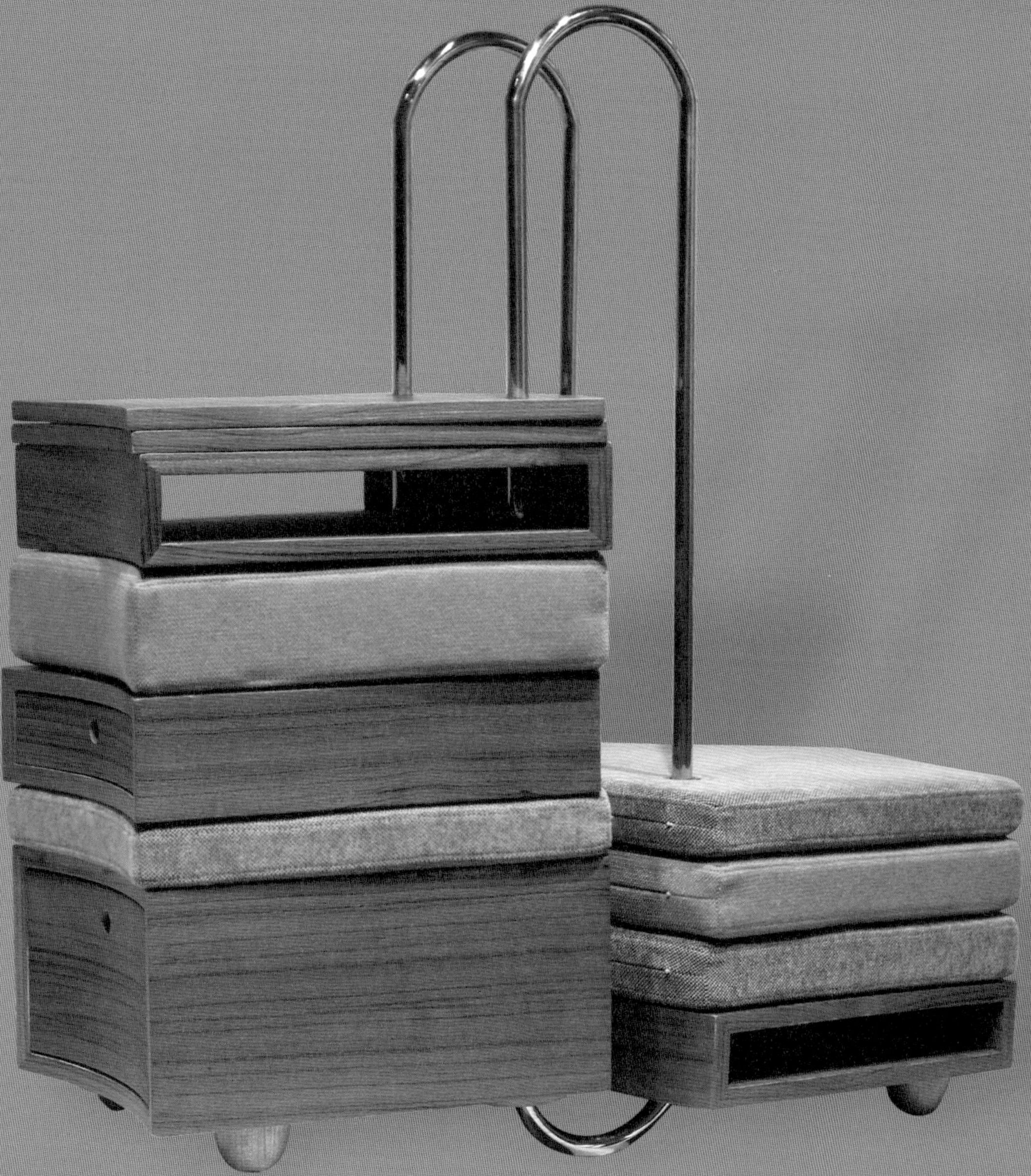

蜘蛛椅

谢俊青、廖青

木夹板、水性开放漆、织物软包、不锈钢金属板

1210mm×945mm×400mm

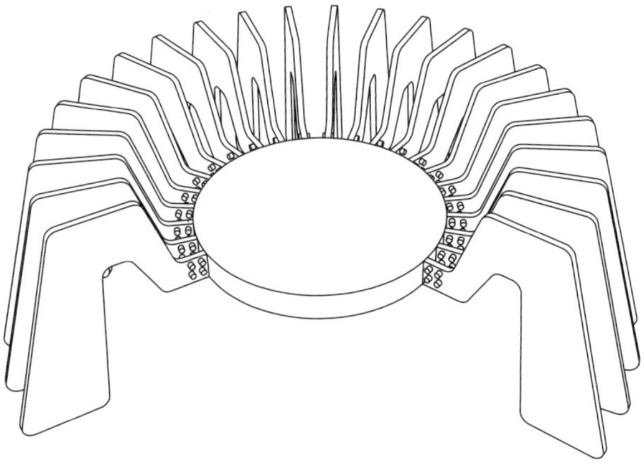

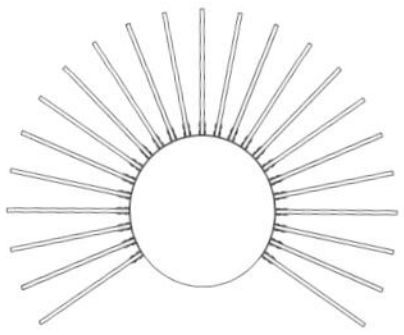

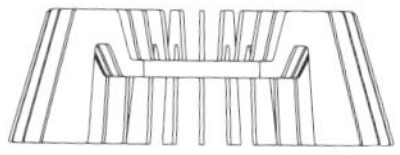

此家具原本的设计是反转过来使用的，中间部分供就座使用。制作完成后发现其强度、尺度都不太够，倒过来后不像个坐具了，在立板间反而还可以放置一些书籍，于是将错就错。但毕竟原设计不是置物使用，放置不同的书籍似乎又破坏了造型的秩序感，原座面的位置又没有更好的用途，整件设计的功能显得有些尴尬。最初的设计概念较有新意，若能更好地完善结构和尺度，应该能够得到较好的效果。

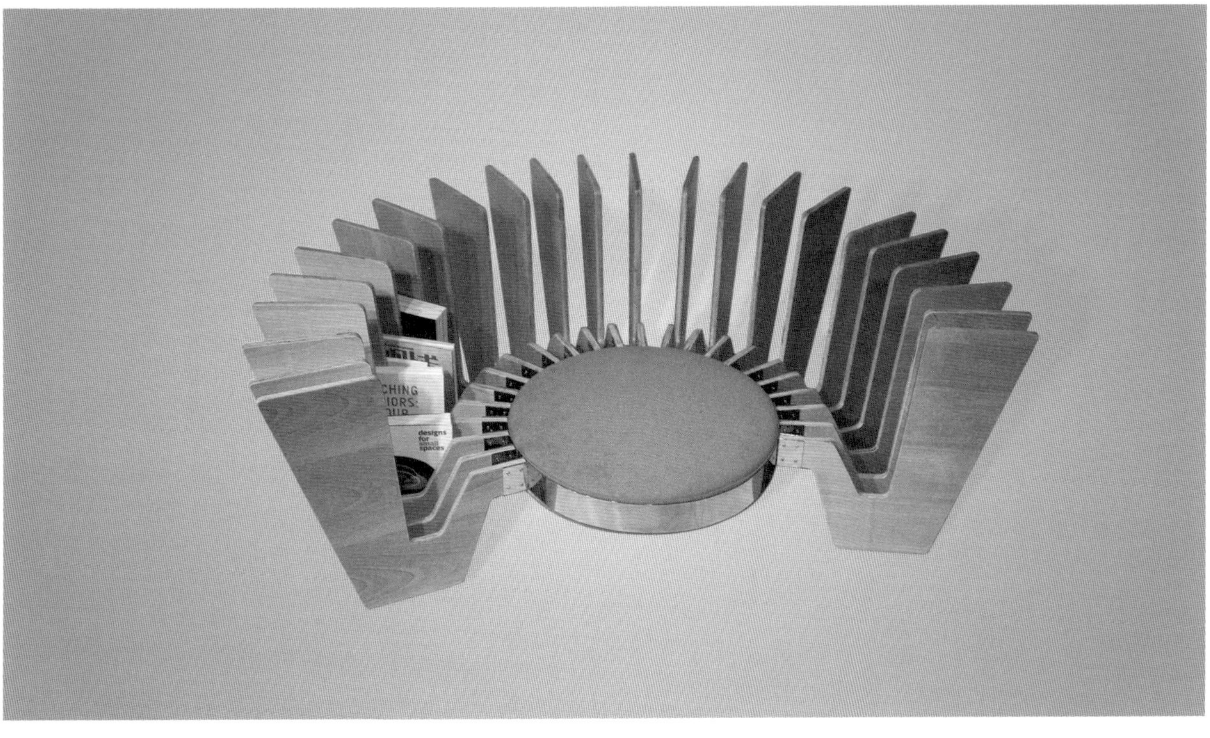
designs for small spaces

组合茶桌椅

胡霁月、郑玲丹（印尼）、黎软芳英（越南）

木质集成材、白色开放漆

桌子 800mm×800mm×530mm

凳子 300mm×300mm×270mm

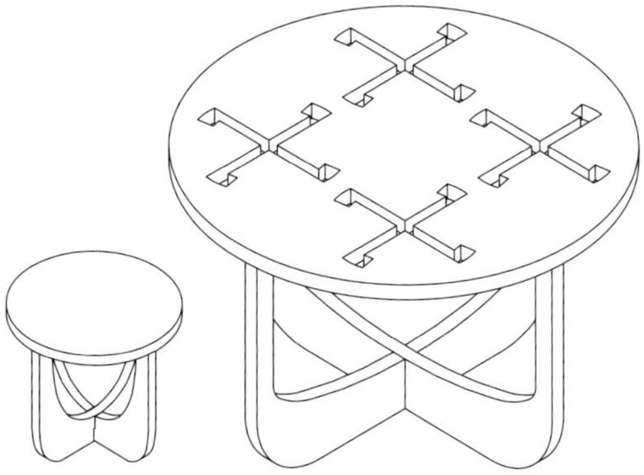

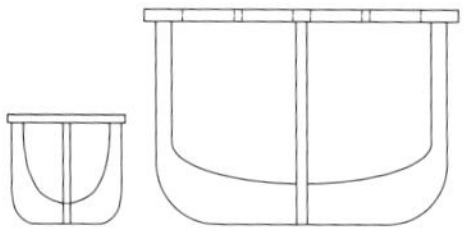

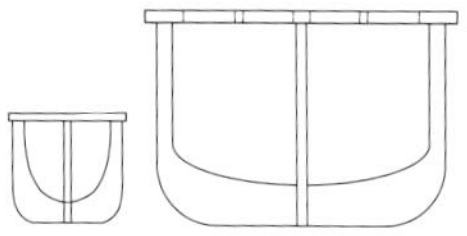

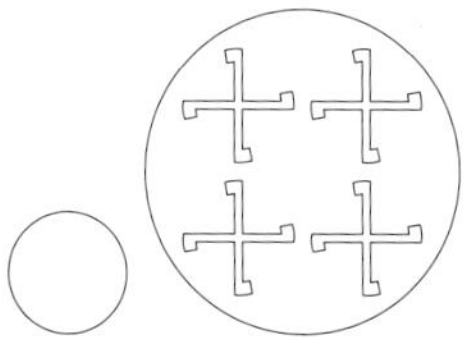

这是一组方便拆装收纳的桌椅，结构为可拼插的板式结构。设计者之一是越南的留学生，因此，设计概念来自越南的街边咖啡摊。由于商家需要随时方便地收起并移动桌椅，于是桌面上设计有四个十字缝，可将座椅正好插入方便带走，十字缝细节形态是“卍”字形，插入旋转正好能够卡住，以保证运输过程中的稳定，只是实际成品并不轻便。虽然如此，整个设计还是很有特点，原始概念来自实际生活需求，方便拆装，但由于实木性质板材重量大，便携性并不好，同时座凳底部倒的圆角过大，降低了稳定性，就座时容易倾倒。如果能折叠并适当减轻重量，将更具实用性。

2012

实践学生：2009级

指导教师：于历战

刘铁军

对饮

莲漪

观鱼

韩茶

盘道

鸡笼

柔然

丝丝入扣

对弈

隐藏的风景

对饮

陆鹏飞、杨潇辉、梁应宇

木质多层板、水性开放漆、玻璃

茶盒2件400mm×400mm×400mm

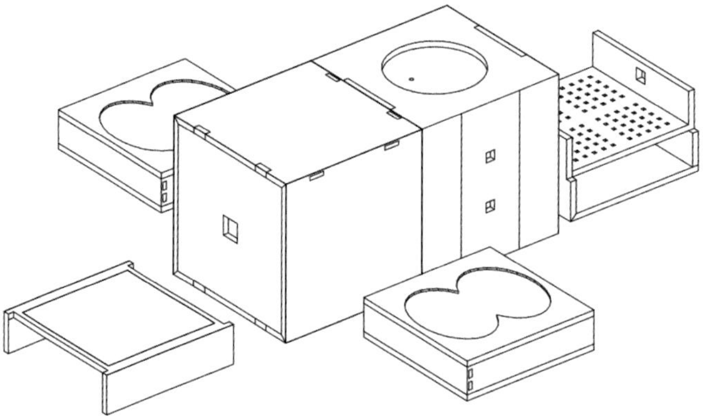

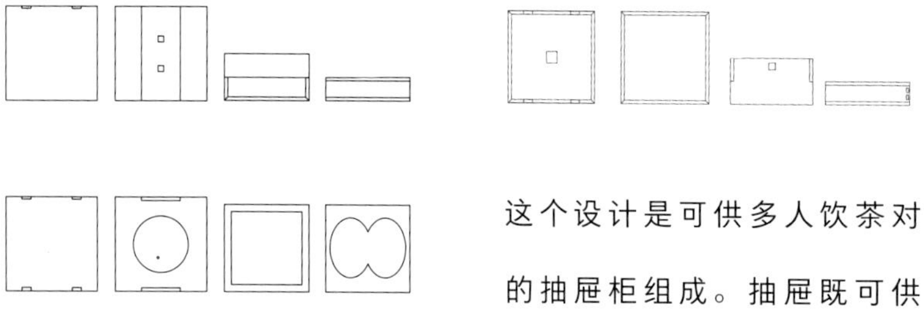

这个设计是可供多人饮茶对弈的家具，由箱体和几个不同大小的抽屉柜组成。抽屉既可供收纳，又可取出作为坐具，组合在一起便于收纳、携带。但抽屉作为坐具强度明显不够，几件物品的使用方式也缺乏统一的考虑，从家具原型出发的设计，需要进一步改进。

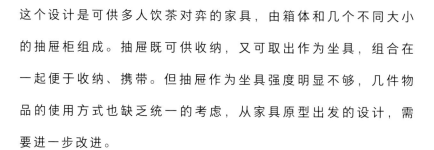

莲漪

田亚婷、蔡莹童

木质集成材、黑胡桃实木、水性开放漆

茶凳 2 件 直径：350mm 高：100mm

茶桌 1 件 650mm×650mm×420mm

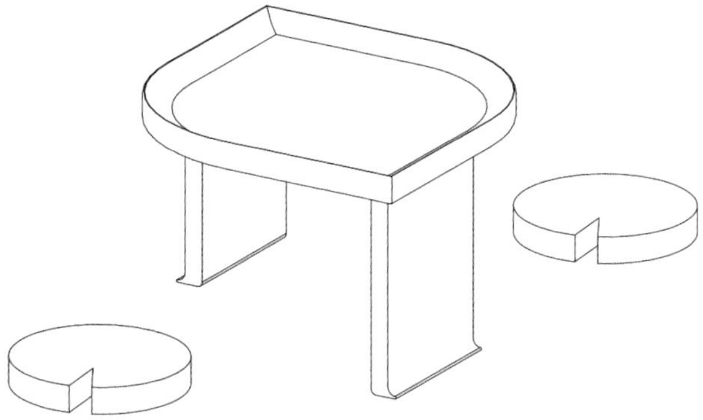

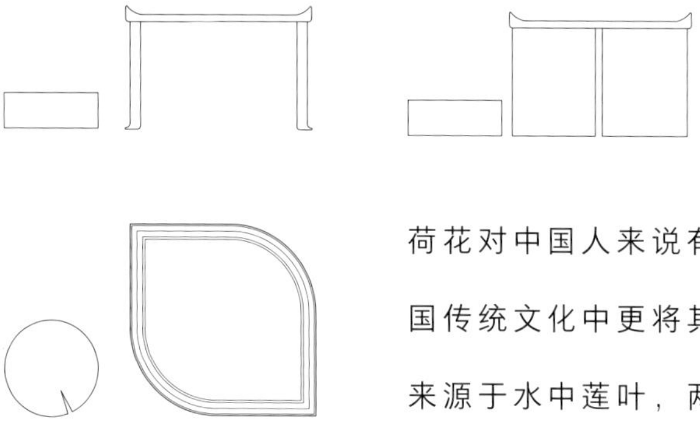

荷花对中国人来说有着特殊的情感，它不仅仅是一种水生植物，在中国传统文化中更将其以物喻人。据学生陈述，这件作品的设计概念便来源于水中莲叶，两个坐垫就是浮于水面的睡莲莲叶，桌面边缘有向上翻的弧线，就如同叶缘上卷的王莲。形象化的设计使人更有亲近感，但尺度上还存在一些问题，茶桌的支撑部分设计手法与其他部分并不统一，略显生硬牵强。

观鱼

吴绍瑜（马来西亚）、甘佩佩（印尼）

木质多层板、水性开放漆、织物软包

800mm×450mm×400mm

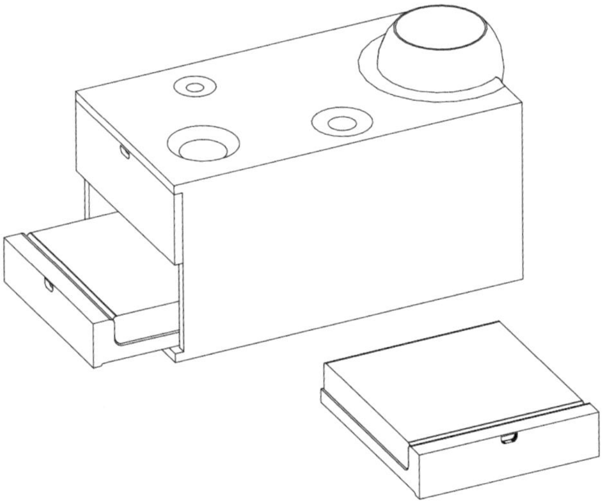

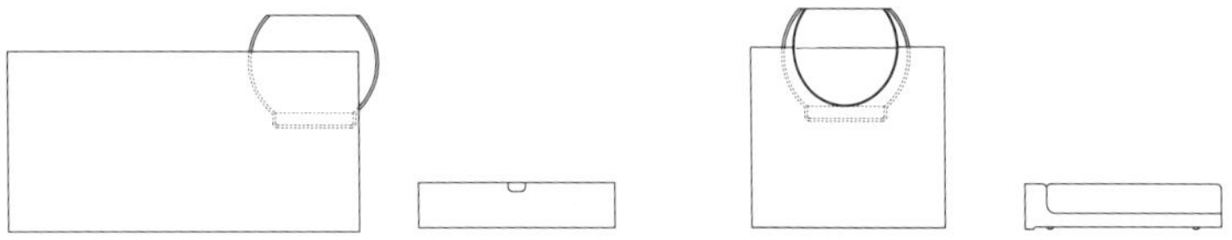

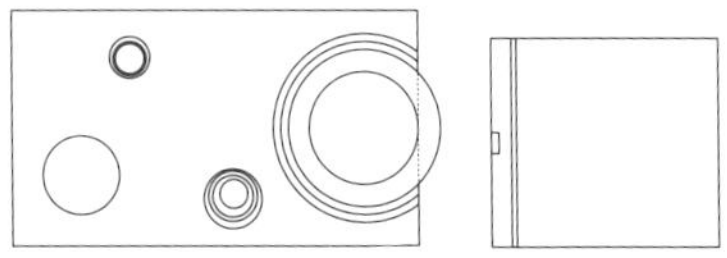

这件作品名为《观鱼》，其最有特点之处是将一个玻璃鱼缸半嵌入茶几的箱体中，整体造型由方和圆构成，两块坐垫和底板可全部收纳到茶几内部。鱼缸中游动的小鱼为整件家具增添不少生气，简约之中透露出一丝禅意。想要很好地观鱼，就必须坐下来，放低身体，静下心态，以特定的视角观看。也许作者是想要传达“子非我，安知我不知鱼之乐”的观鱼之感吧。

韩茶

崔成玟（韩）、金自然（韩）

木质多层板、封闭磁漆、织物软包

500mm×500mm×425mm

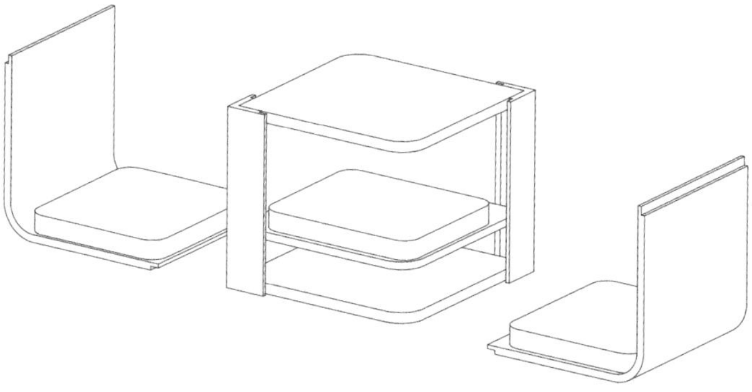

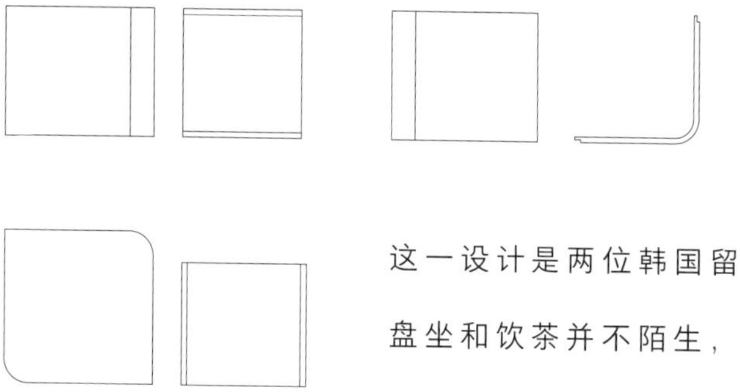

这一设计是两位韩国留学生的作品，同为东方文化，韩国人对于盘坐和饮茶并不陌生，低坐姿在日常生活中保留的甚至比中国更多一些。这一设计再现了韩国传统的低坐饮茶习俗和生活方式。其主体桌子为一个正方体，内部分成上下两层，上层放置茶具，下层收纳椅垫，侧面维护结构取下可变成两把座椅。有特点的是饰面采用混油的白色和粉红色的漆，一改中国学生心目中对于茶自然禅意的一贯印象。

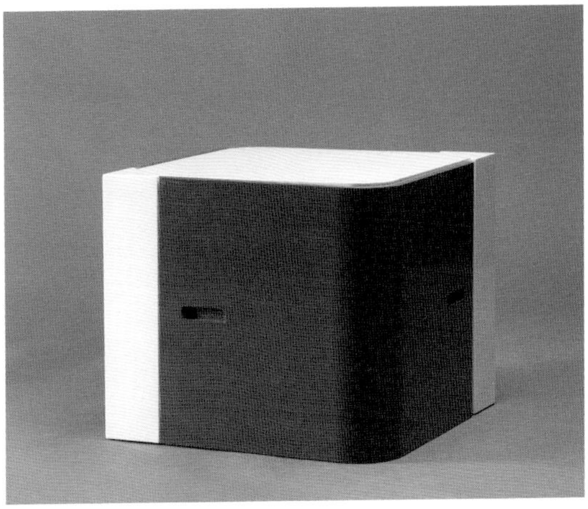

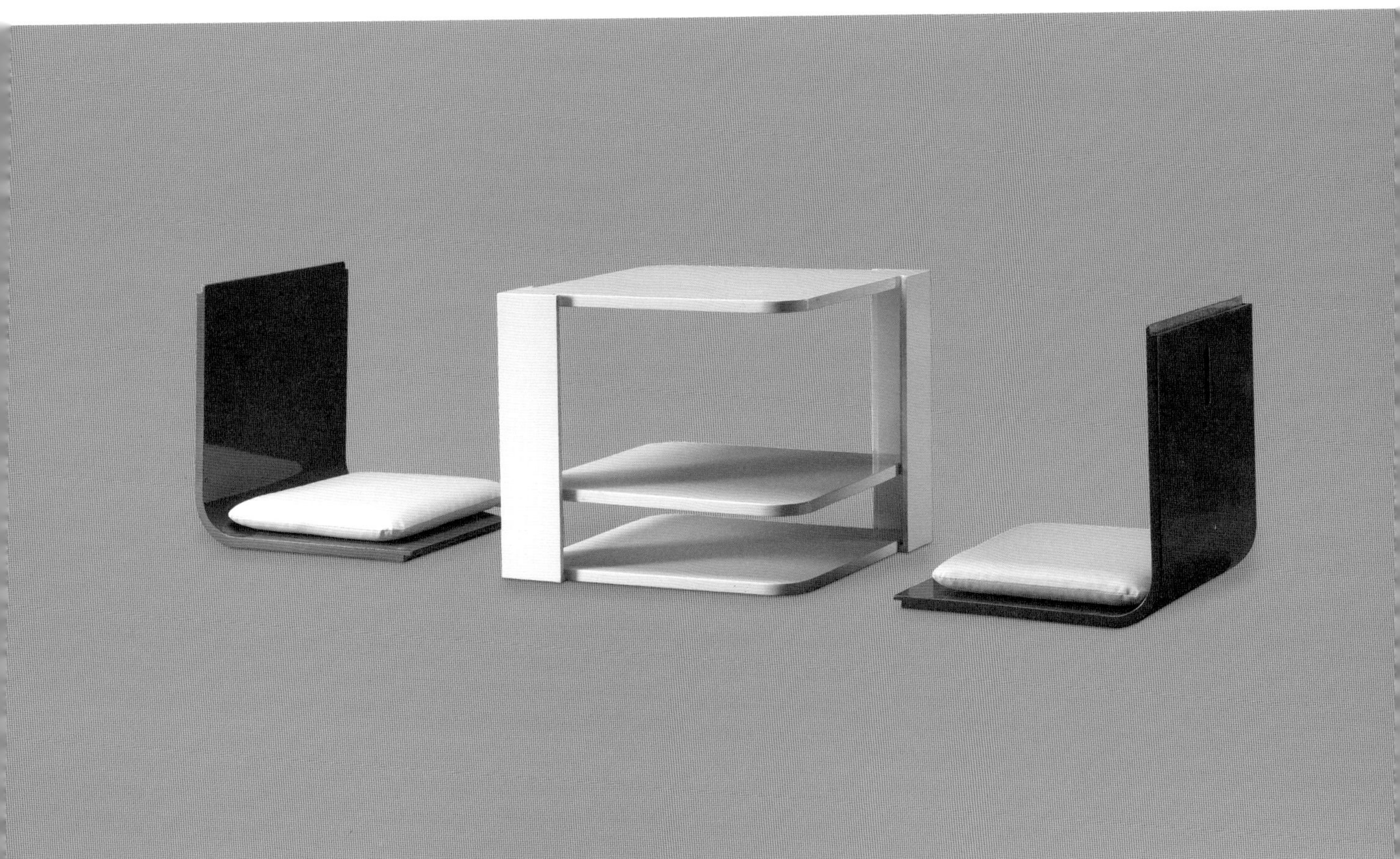

盘道

陈曦、姜璐
中密度板白磁漆、白橡木、黑色开放漆、织物软包
茶几 1 件 直径：420mm×650mm 高：350mm
坐具 1 件 半径：450mm 高：350mm

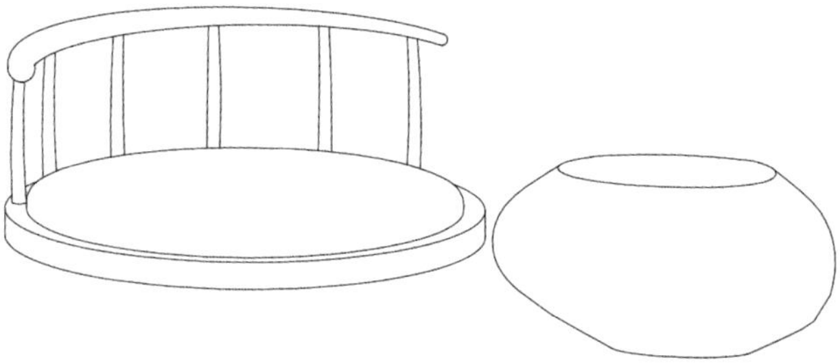

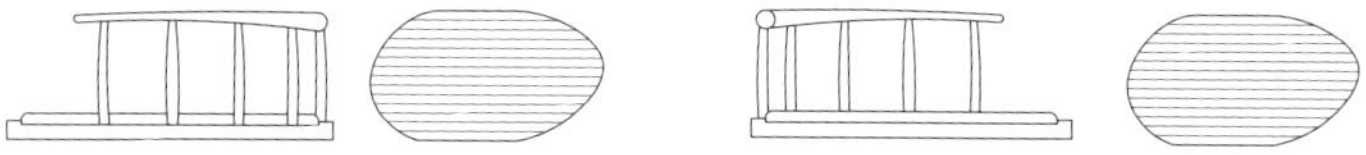

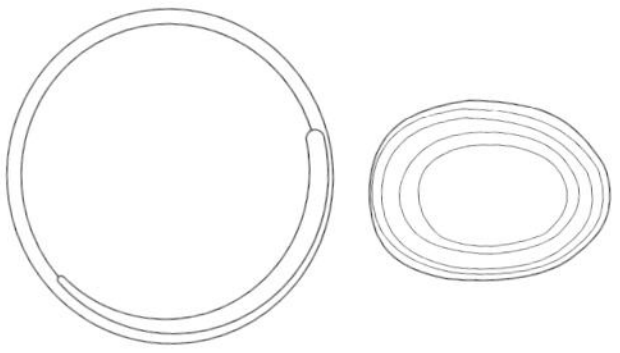

这件作品座面宽大，与其说是座面，更像是一片领地，单人独坐，盘腿自饮，是一套很有独创性的作品。其造型元素来自中国传统家具，弧形靠背方便倚靠的同时，凸显了风格特征。座面前端几乎球形的圆几，体现学生的审美趣味，然而使时并不方便，圆几尽管做了空心处理，但重量还是很大，制作也较为麻烦。

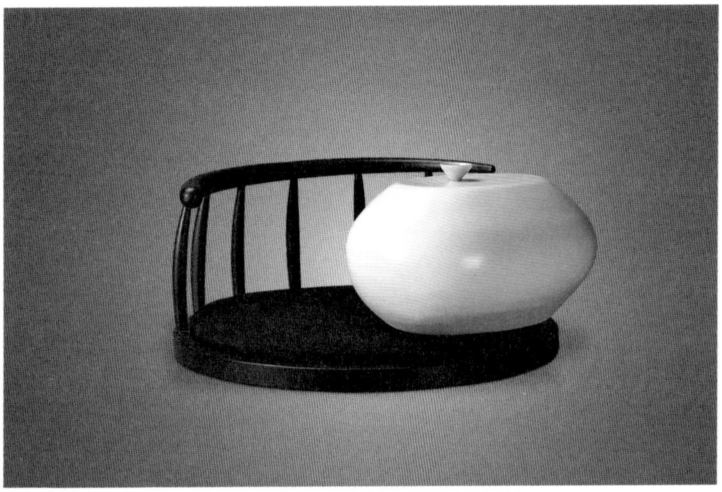

鸡笼

项运佳、楚璐

木质多层板、白橡木实木、水性开放漆

大茶桌1件 直径：680mm 高：345mm

小茶桌1件 直径：530mm 高：285mm

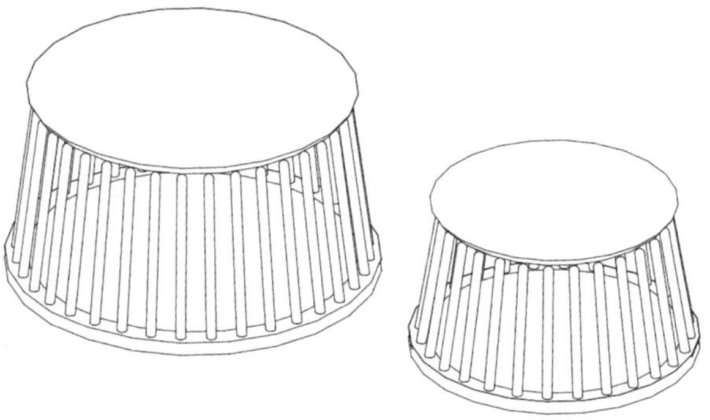

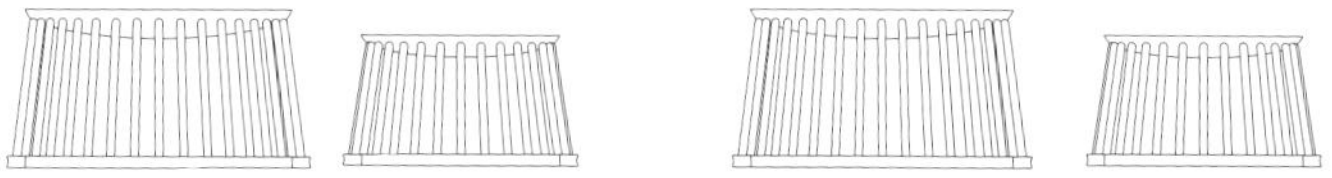

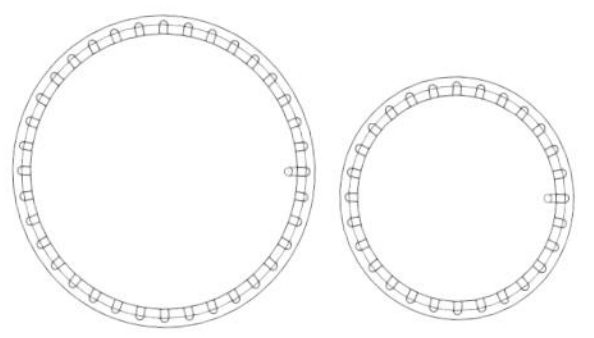

这套作品由大小不等的几个圆台形体组成，侧面支撑是木质格栅，底座一圈为内凹的线脚，桌面是灰白色木纹。结构逻辑简单，材料整体选择浅木色，清新自然且富有情趣。完成后有学生讲很像农村的鸡笼，便干脆以此为题，回校展览时台面上特意放几只玩具小鸡以作提示。

柔然

王沛璇、吴川燕

白枫木实木

桌1件 1200mm×900mm×1200mm

椅2件 600mm×500mm×200mm

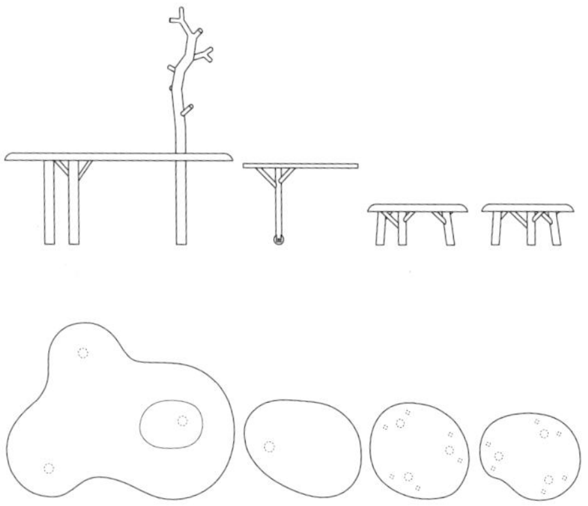

这套作品较多地运用了自然元素，桌面和凳面均采用柔和的不规则曲线，且边缘倒成圆角，桌腿和凳子腿模仿树枝的造型，其中一根桌腿从桌面中伸出，用分叉的方式方便悬挂物品。增加的小桌面作为附台，与大桌的一条腿连接，且可以转动，以适合更多的情境。

丝丝入扣

林桂芳、赵沸诺、姜俊秋

金属型材、织物软包

桌1件 1270mm×400mm×140mm

椅1件 800mm×500mm×200mm

灯架1件 1800mm×400mm×300mm

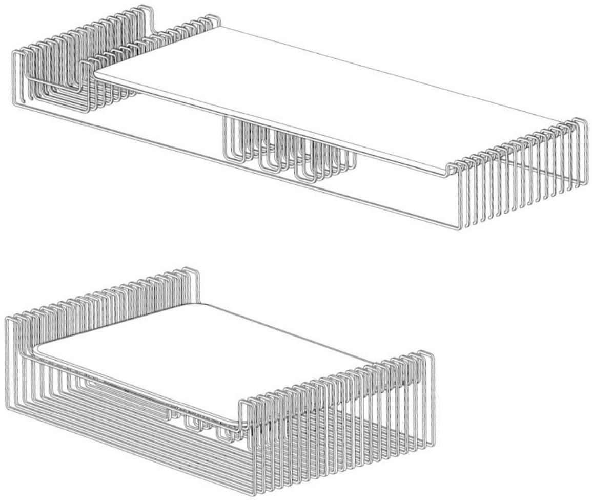

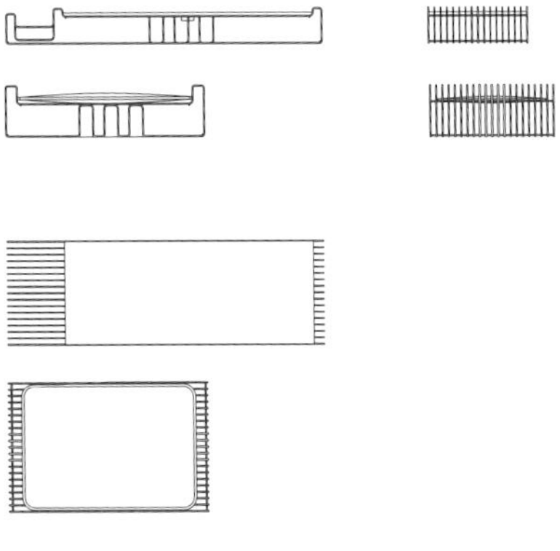

这件作品主要由线条构成，金属线条勾勒出闭合的立面形象，再进行横向连续复制，组合成有秩序感的造型。中间部分的金属条向下形成支撑，较好地解决了支撑强度的问题。和人体接触的座面采用软垫，成为舒适感较好的长凳。以同样的设计语言做出灯具、茶几造型，构成完整形象。整体颜色呈灰白色调，显得时尚素雅。

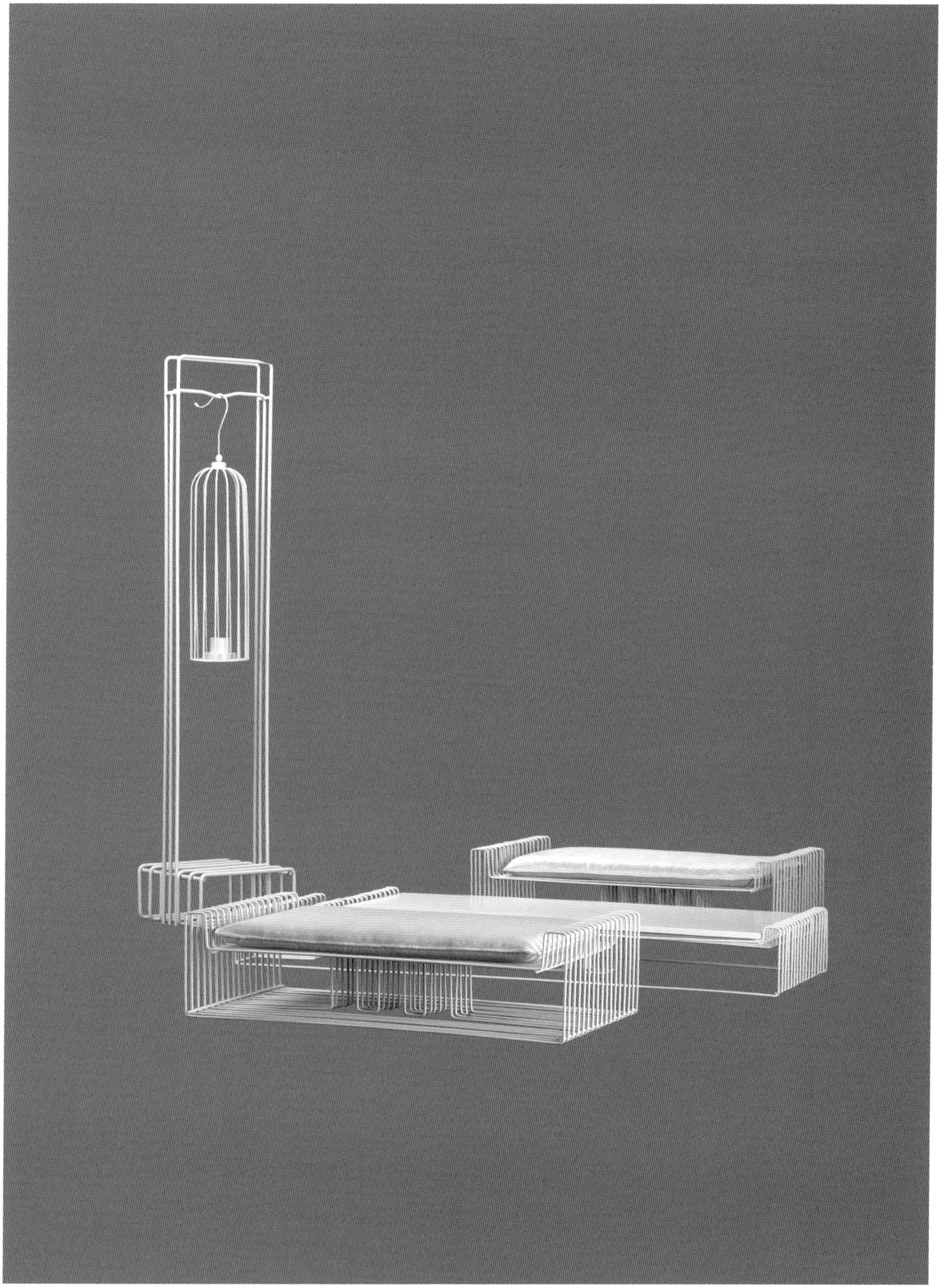

对弈

谢东梅、刘茜

木质多层板、实木条、水性开放漆

茶桌1件 560mm×435mm×525mm

书箱2件 700mm×500mm×280mm

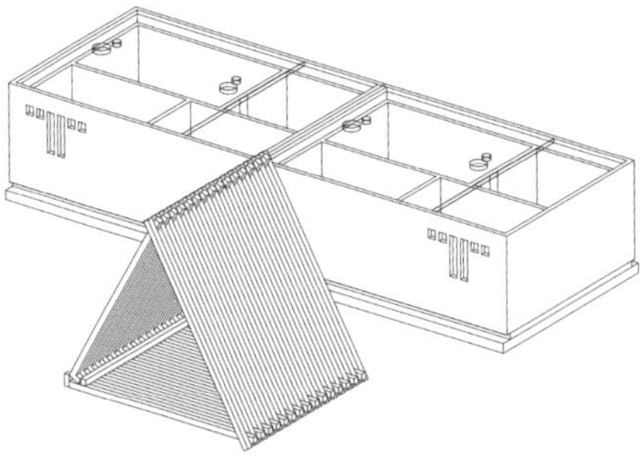

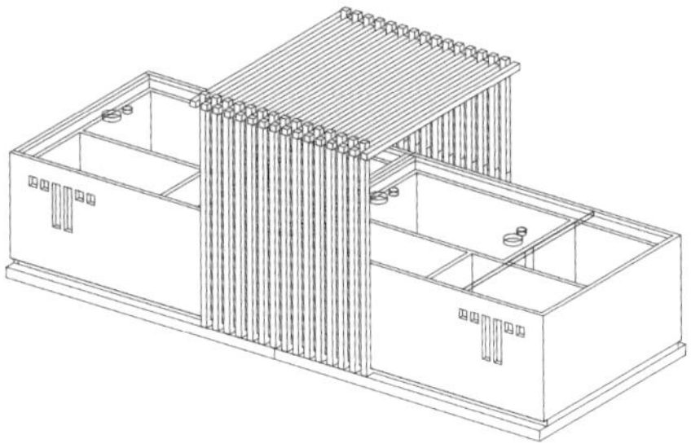

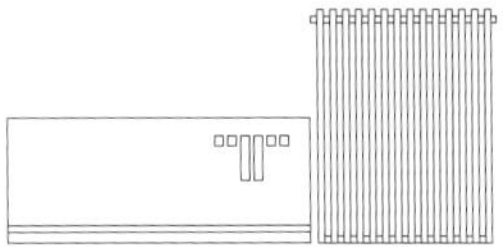

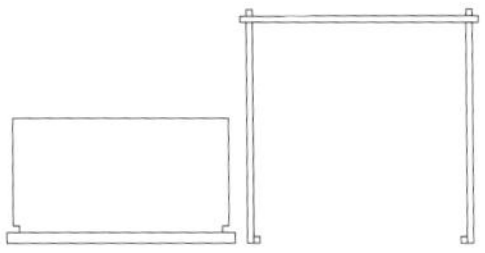

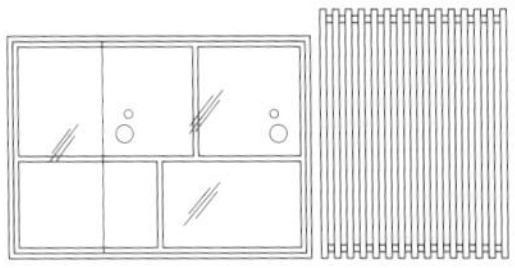

该作品同样为箱形结构，不同的是座面用玻璃材质，内部可以用作收纳。木条做成格栅状的小桌“骑”在箱体上方，可左右滑动方便“对弈”，但移动时需始终保持左右均衡。这一格栅架还可以放在旁边作为置物架，用来放置书报等。但玻璃作为座面总让人担忧，尺度上供两人使用也略显局促，坐姿稍显尴尬，侧坐会好一些，但不能长久对弈，若需对面坐，由于尺度小，两人过近，骑坐的形式不甚雅观。

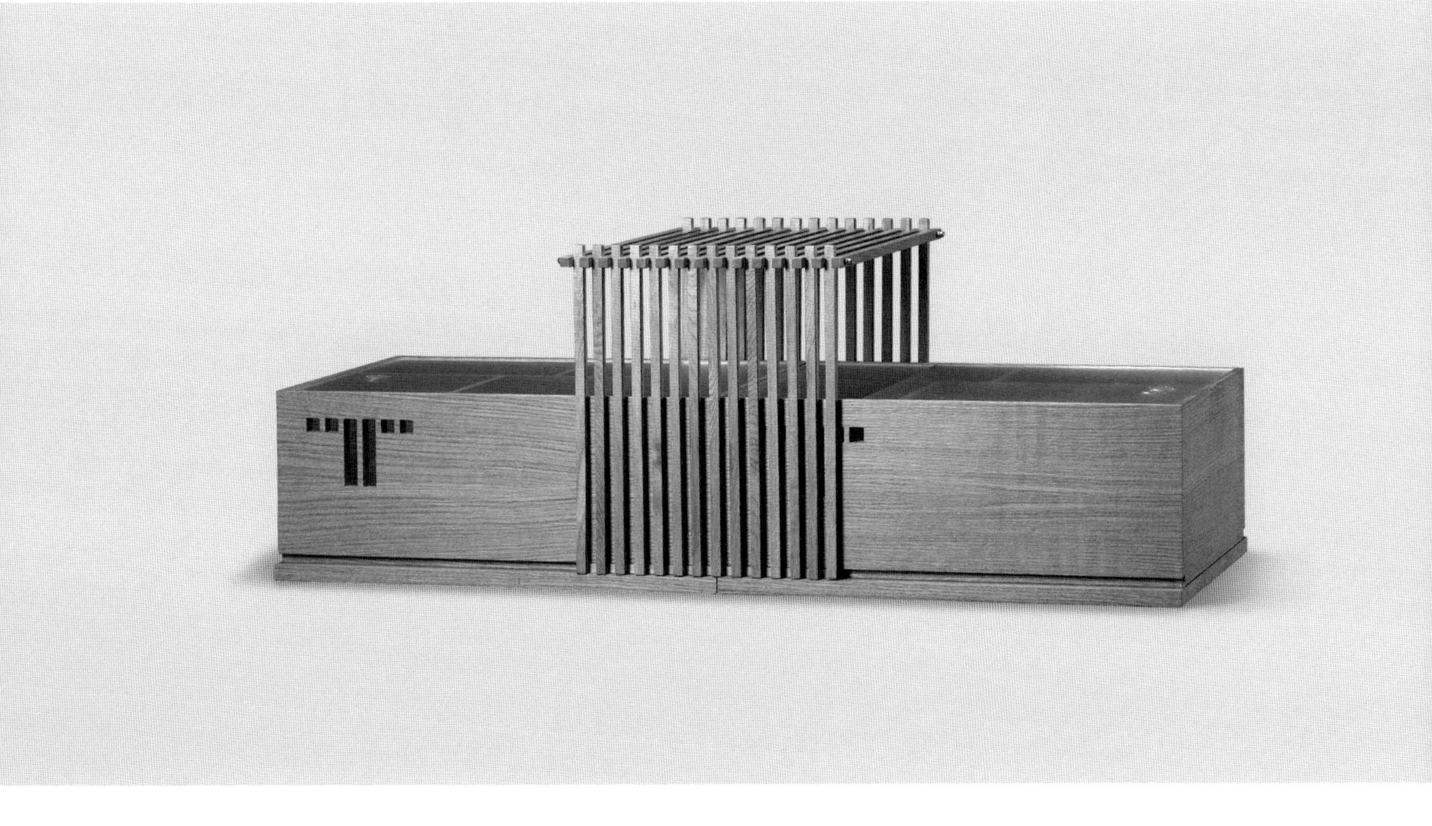

隐藏的风景

苗雨晴、杨婉婧

木质多层板、水性开放漆

900mm×900mm×500mm

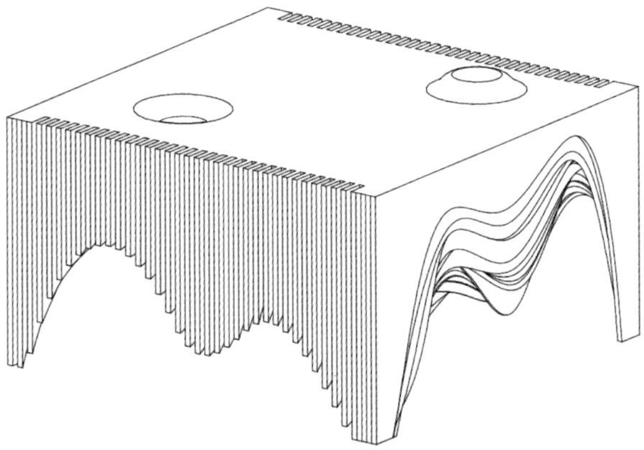

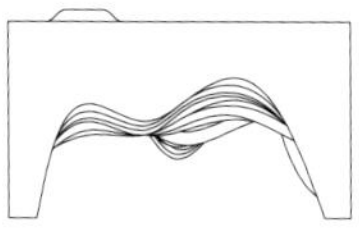

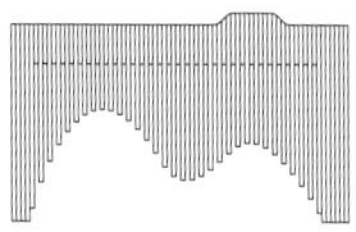

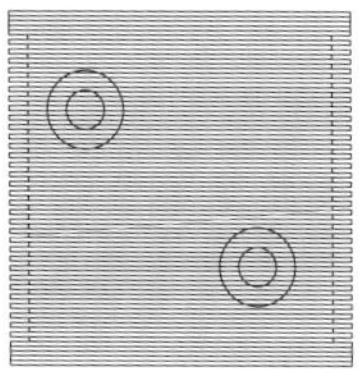

学生陈述作品设计概念来自翻转的大地，山峦起伏变化被倒置隐藏，虽变化丰富但又含蓄隐蔽，体现很多年轻人的真实心理状态。水平桌面上凹凸互补的两个形体反映了作者对于人、物、空间三者关系的思考，使人联想到日本物派艺术家关根伸夫的作品《位相——大地》。虽然山形等的设计略显粗糙，但还是一件有思想的作品。

2013

实践学生：2011级

指导教师：于历战

管沄嘉

衣架

多足椅

漂浮——心态体验椅

亲子椅

韩国字母家具

折叠儿童桌椅

核桃椅

弹簧摇摇椅

母婴垫

锥形沙发

衣架

李超哲

木夹板、白色开放漆

400mm×400mm×1620mm

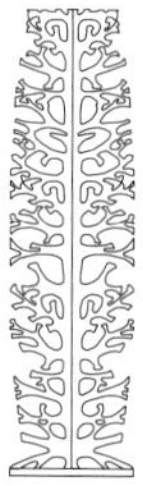

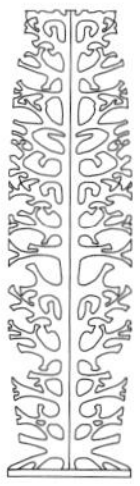

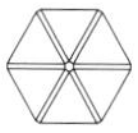

挂衣架在人们印象里会有通常的认知，功能部件主要集中在上部，这个设计却并不相同，它是由六片密集的有机形态构成，整体形式感很强，也很有新意。图案是木夹板在CNC加工中心切割完成。设计者本意是想运用板式插接结构做一件易组装的家具，但由于结构设计不够合理，最终没能实现可拆装的想法。花纹图样设计的细密均匀，既可以在任意部位进行悬挂，又具有很好的装饰性。如果能够实现自由拆装拼插，将是很好的设计。

多足椅

胡钰铭、樊婧宇

木夹板贴皮、白橡木实木、水性开放漆

600mm×800mm×850mm

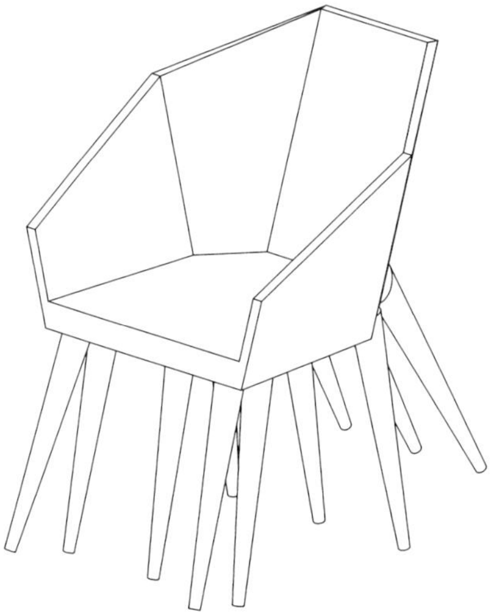

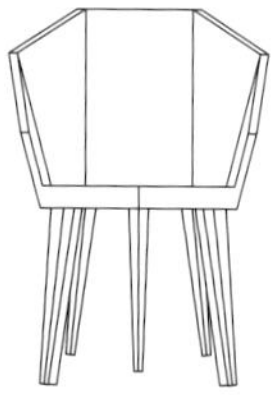

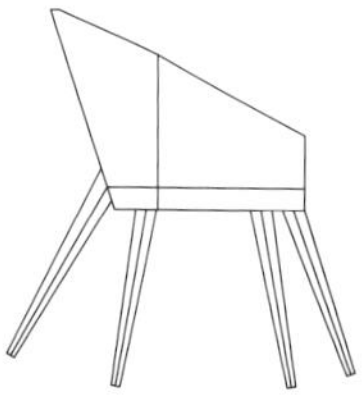

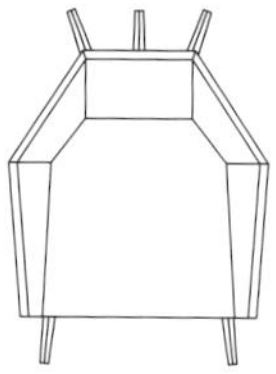

这是根据人在就座过程中所出现的行为而设计的一把座椅，想法很好，但由于经验不足使得设计并不成功。从形态上看显而易见，这件家具最大的特点是在支撑的腿部造型，多条腿不同倾斜角度的组合、搭配能够实现人们就座中前倾、端坐和后仰的三种坐姿。只是整件家具均采用实木制成，整体分量过于笨重，重心推敲也不够，使用者坐在上面很难进行不同坐姿的转换。

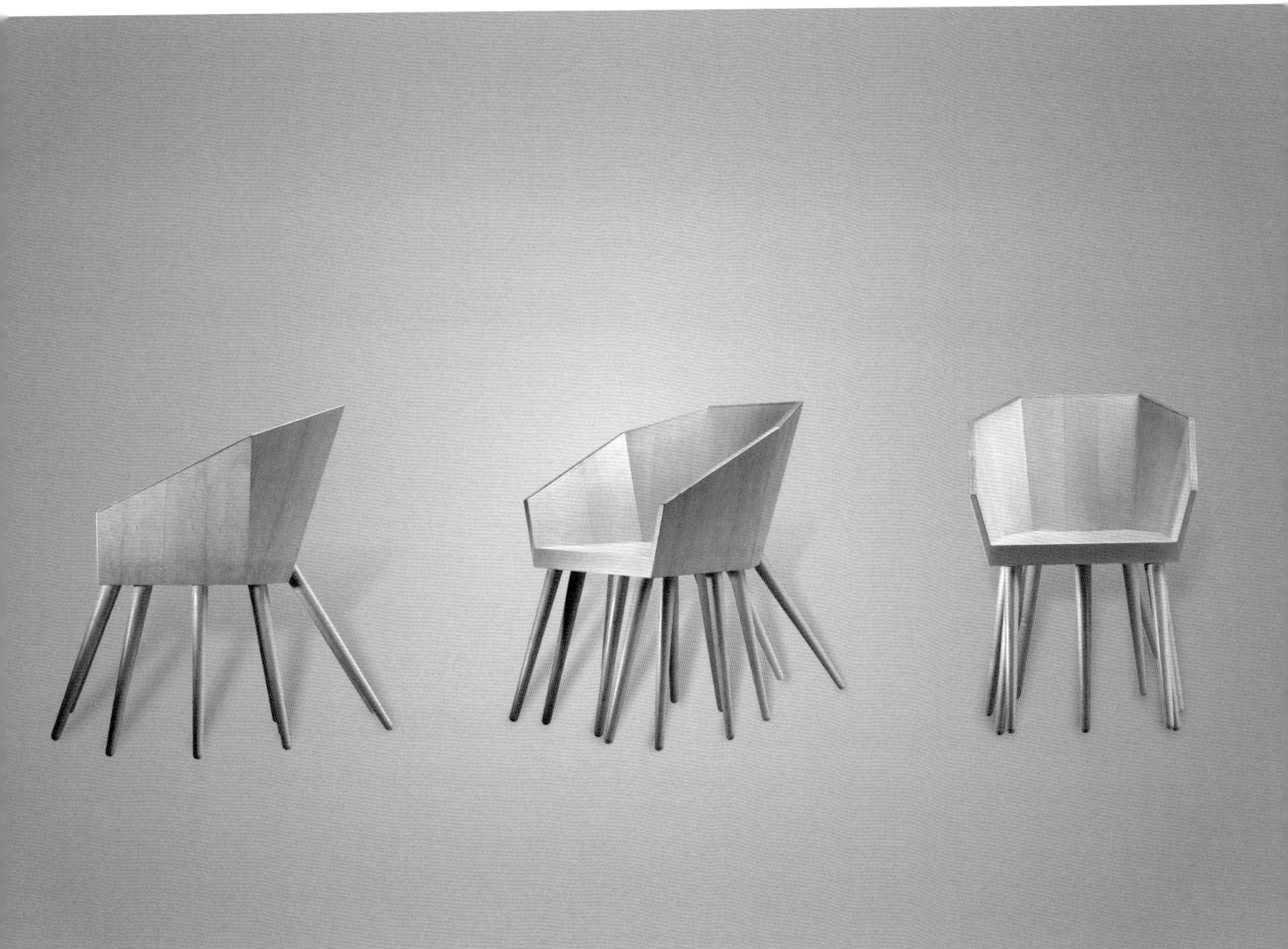

漂浮——心态体验椅

张浩、梁济蕾

木夹板贴皮、金属弹簧

1400mm×730mm×520mm

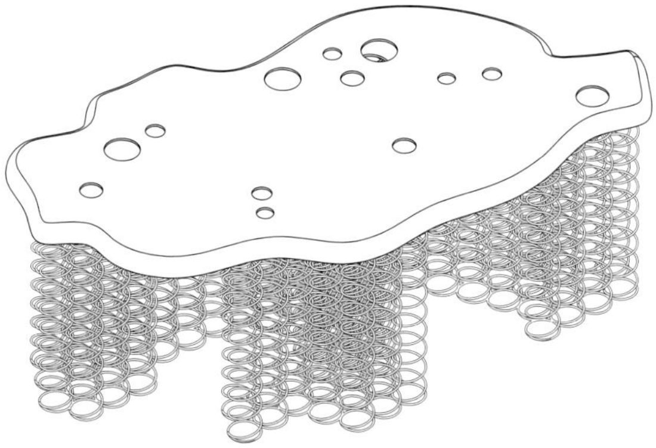

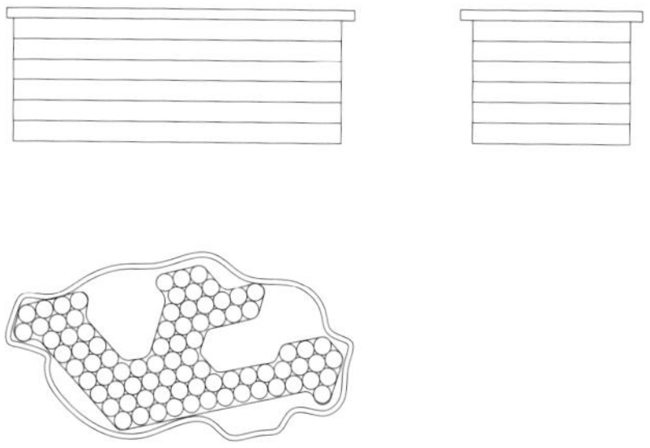

这个设计并不是一件常规的座椅，作者以荷塘中悬浮在水面上的荷叶为设计概念，整个座面是一片片荷叶重叠后剪影的形态，大小不一的圆孔代表了荷叶上散落的水珠，也使座面不至过于呆板。为了更贴合荷叶的悬浮感，座面支撑仅采用双层弹簧相互绑扎、编织的形式，但忽略了弹簧本身的特性和限定条件，因此，贸然坐上极不稳定，甚至会不停地晃动。但这却达成了另一种意想不到的境界，即：使用者必须平心静气，把握好状态和重心才能勉强坐下，坐下后更需保持心态平稳，因此很考验人的心态和定力。

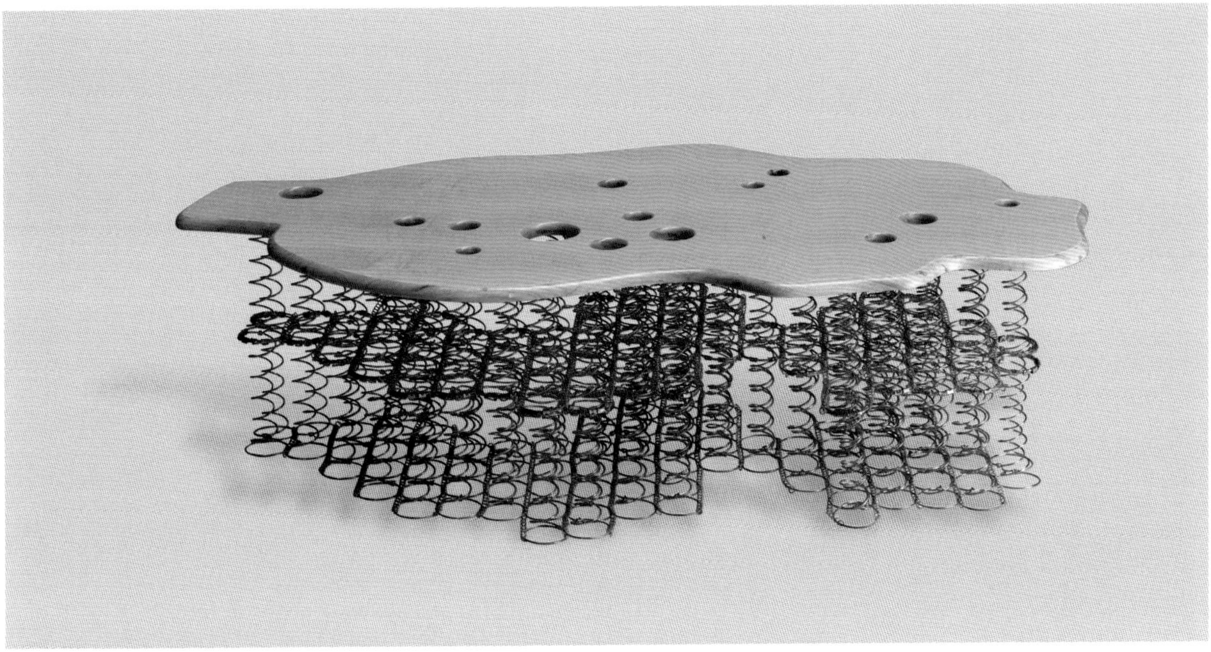

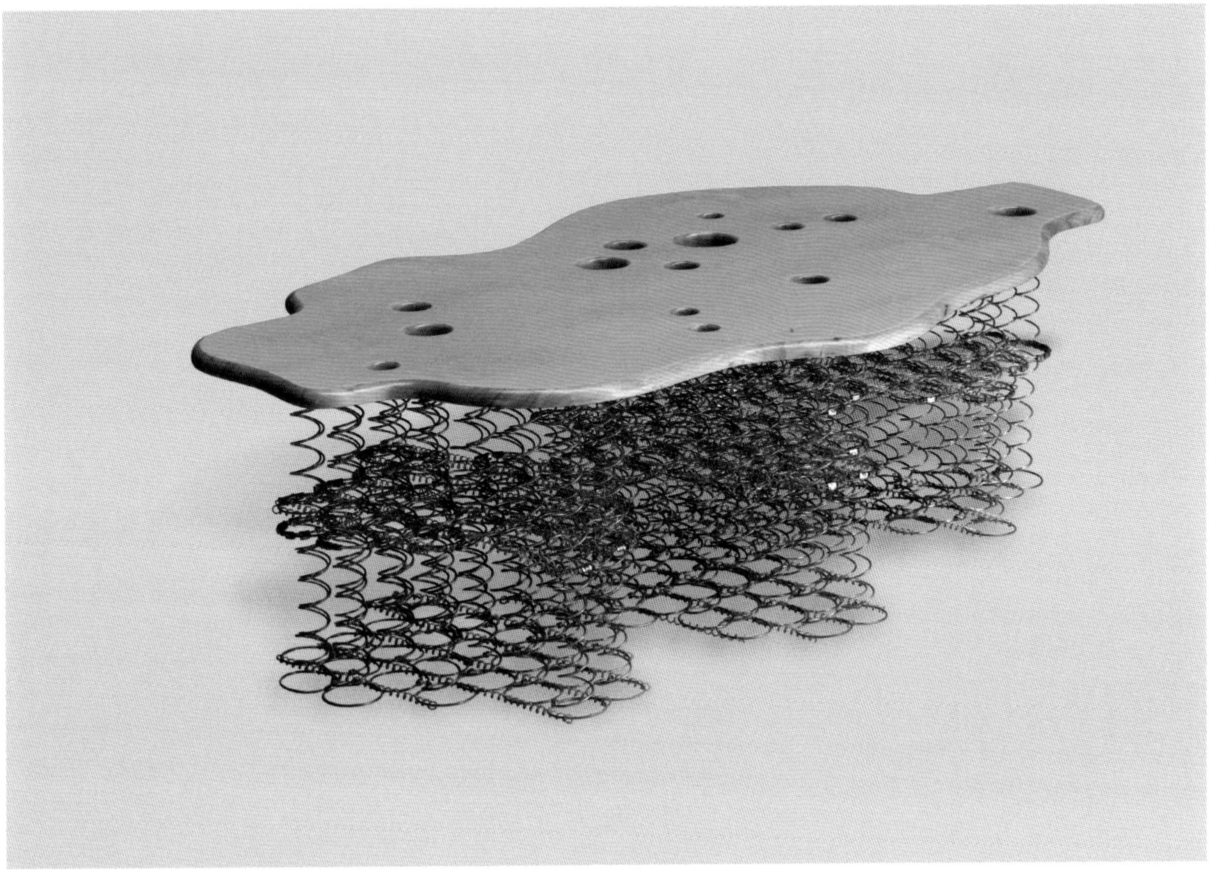

亲子椅

明杨、黄博

木夹板、水性开放漆

1400mm×500mm×745mm

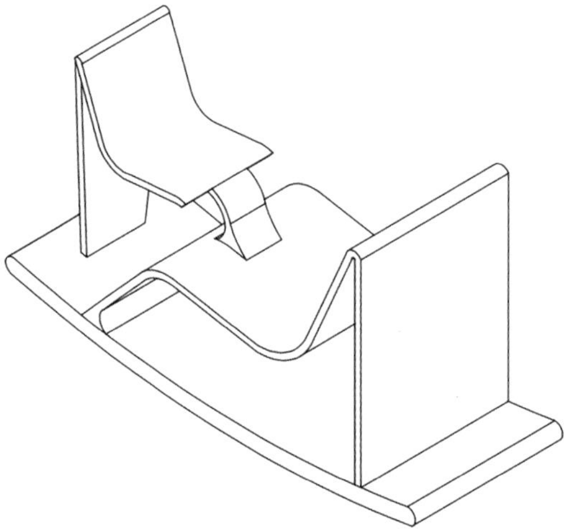

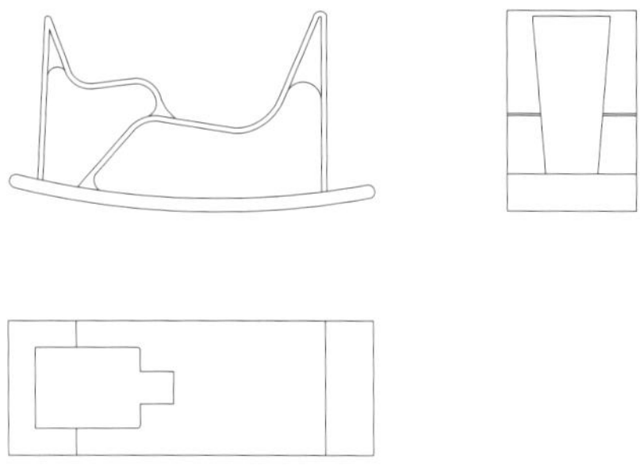

这是一件可以让父母与孩子互动的家具，父母和孩子充满温情地面对面坐着前后摇晃。家具与地面接触的弧面弧度特意设计得较为平直，希望仅提供一个轻微的摇晃区间，这也是从使用安全考虑。家具通过多层板切割拼接而成，制作起来有些费料，成品尺度略大，不易收纳及运输。

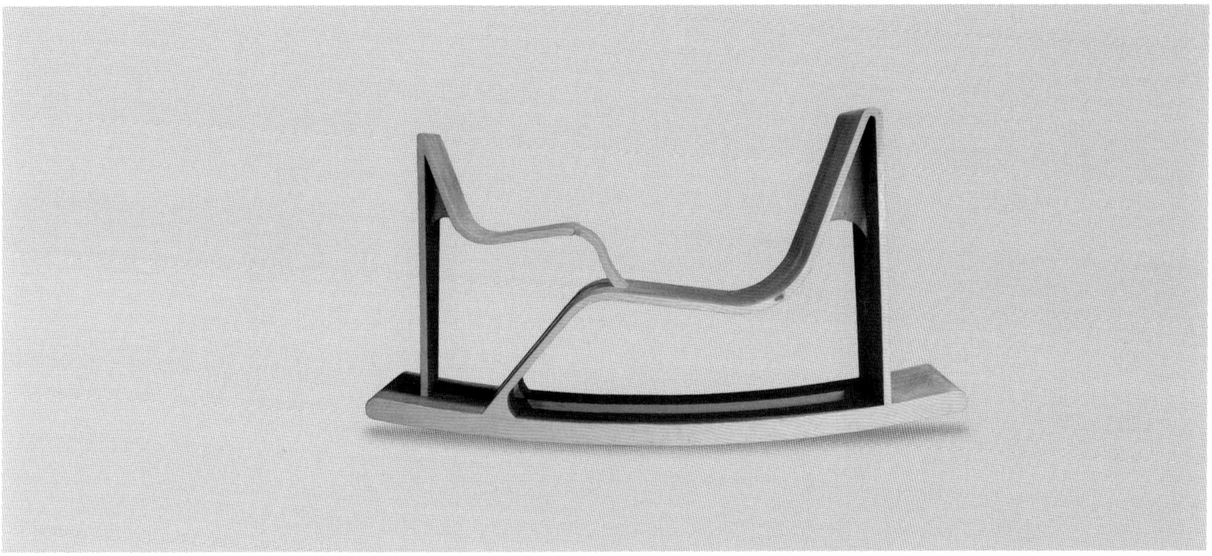

韩国字母家具

黄多卿（韩）、李银珠（韩）

中密度纤维板、白色磁漆

书架 1330mm×200mm×900mm

条凳 1073mm×350mm×290mm

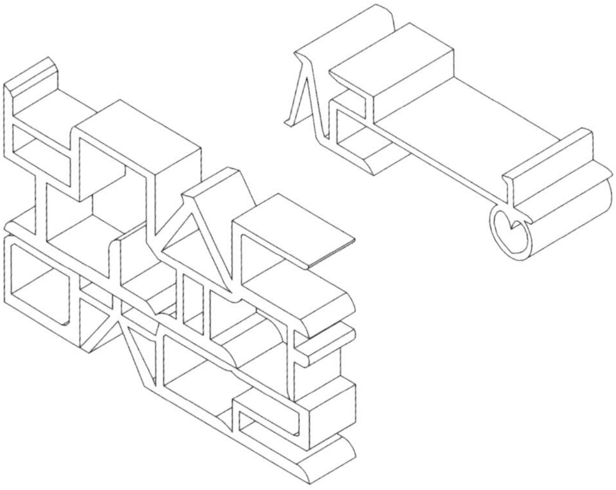

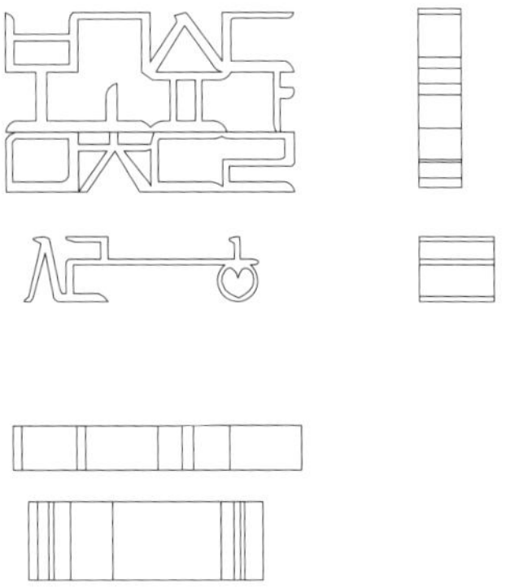

这是由两位韩国学生设计的书架和条案组合，是将韩语文字作为设计元素应用到家具中。据说条案和书架分别代表“我爱你”和“你好”的含义，整体纯白色，显得素雅纯洁。中外均有用文字进行艺术创作的，但直接用作家具元素的并不多见，虽稍显直白，但也算一种尝试。主体材料采用中密度纤维板，笔画形态推敲不够细致，使整个形体略显笨拙。

折叠儿童桌椅

曲倩颖

木夹板贴皮、水性开放漆

600mm×18mm×868mm

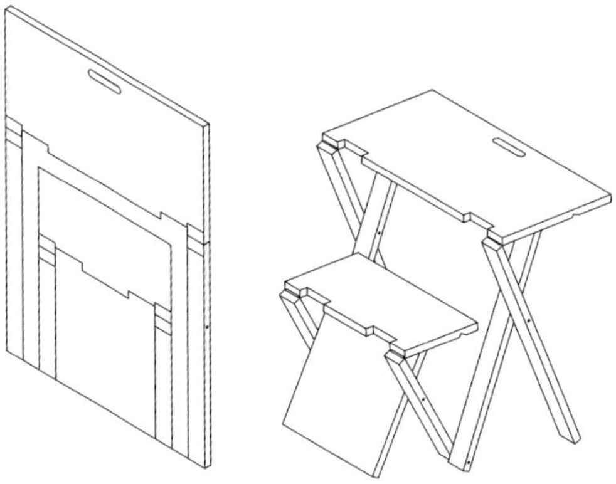

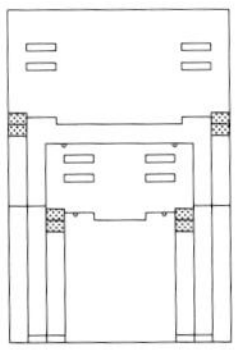

这是一件供儿童使用的可折叠桌椅，折叠后形成一块板，便于收纳。但由于尺度、比例没有计算分割好，导致折叠而成的座椅与桌面间距过窄，入座和离开的过程很是别扭。另外在制作过程中设计者忽略了每块板材木纹的方向，把桌椅恢复成一块板材后木纹方向不一致。

核桃椅

石湘子

木夹板贴皮、水性开放漆

椅子 400mm×400mm×700mm

凳子 320mm×320mm×320mm

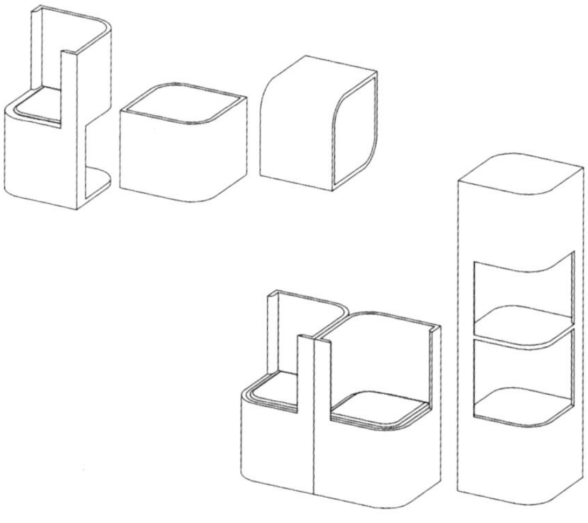

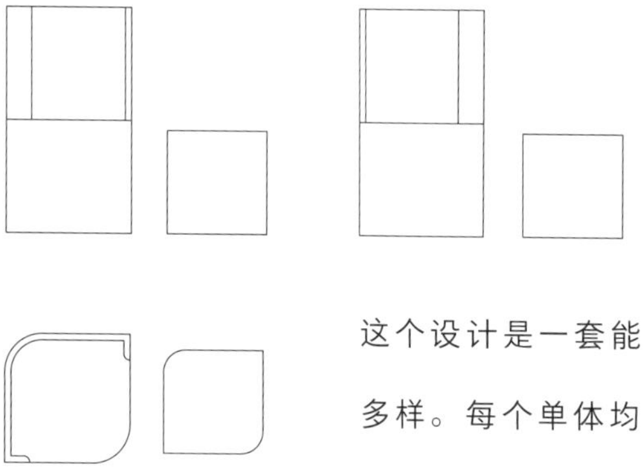

这个设计是一套能够自由组合的多功能家具，功能清晰，组合多样。每个单体均可作为座椅使用，单体组合起来又可形成陈列柜。由于要兼具两种功能，作为座椅单独使用时，靠背过于垂直，因此并不舒适。这也是多功能家具设计的难点所在。

弹簧摇摇椅

黄志强、黄琮晏

白橡木实木、木夹板、白色开放漆、金属弹簧

925mm×520mm×304mm

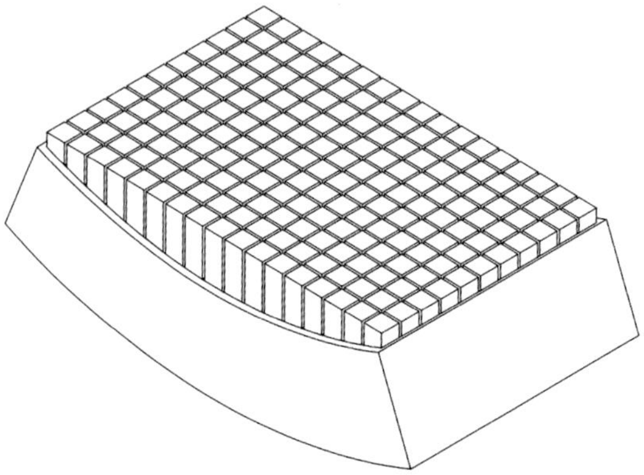

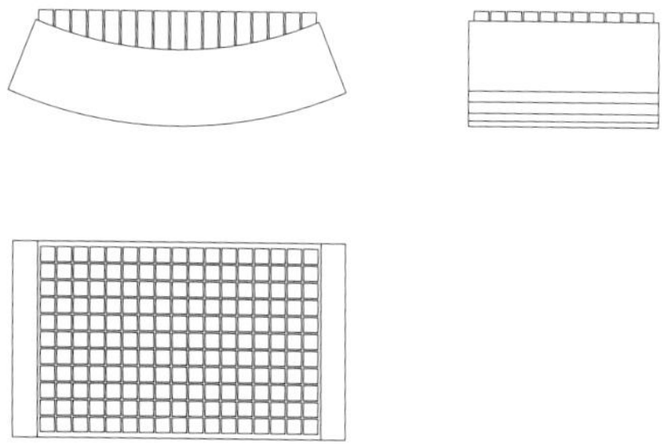

此设计者想在一种材质上实现“软”与“硬”的互换体验，因此，设计了这件弹簧坐具。此作品最大的特点是作者将座面归纳、分割成了众多根硬质实木方柱，每根方柱内部由一根弹簧作为支撑，这样座面就能根据使用者的体重、面积呈现不同的状态。所有的方柱被规矩地卡在一个个方槽中以限制其横向扭动。但此件家具最大的问题出在内部弹簧弹力系数的选择上，由于经验不足，最终使用的弹簧弹力偏小，坐上之后几乎感受不到弹力。

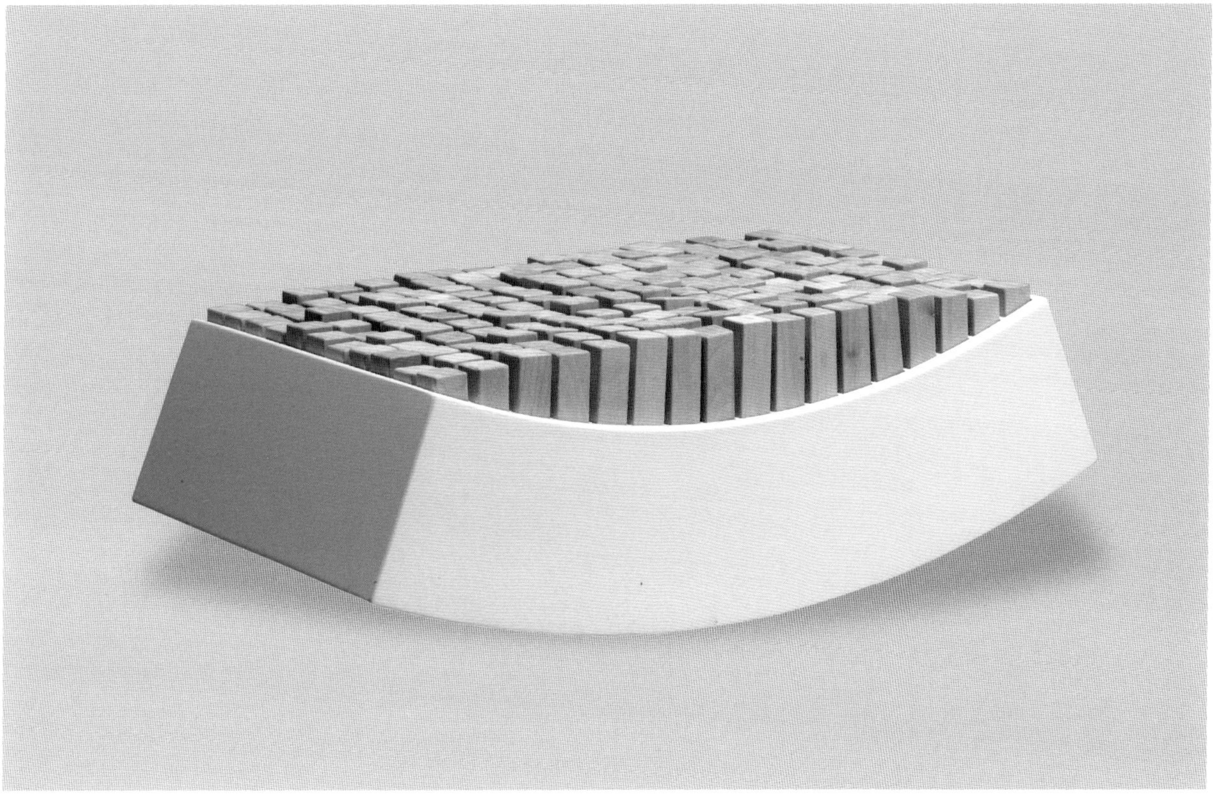

母婴垫

杨嘉惠、郭亦家

织物软包、木夹板

2884mm×12mm×400mm

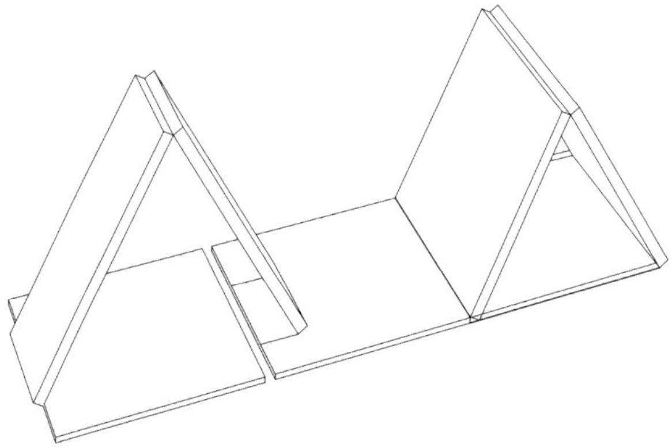

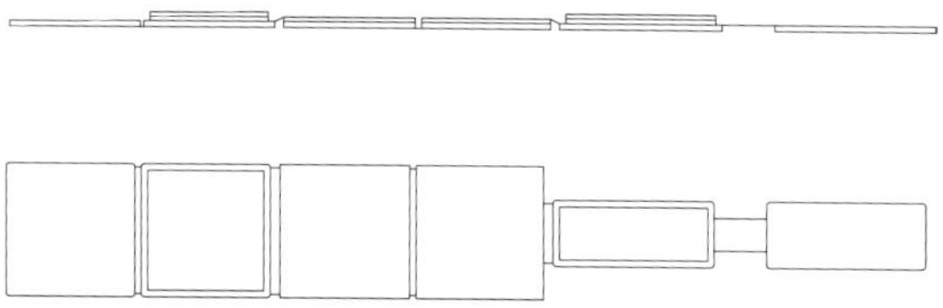

这是一件可变形的家具，将计算好的不同长度的木板表面覆上海绵，用布料包裹并连接起来。通过不同形式的折叠实现坐、躺等行为转换，设计概念新奇，但略显简陋。直接铺在地上使用的家具，对于人的行为需要很好的推敲，软包的布料等材料不易清理也不耐脏，材质选择还应更考究。

锥形沙发

赵嘉曦、邓斐斐

灰色海绵、立体切割

1525mm×1200mm×950mm

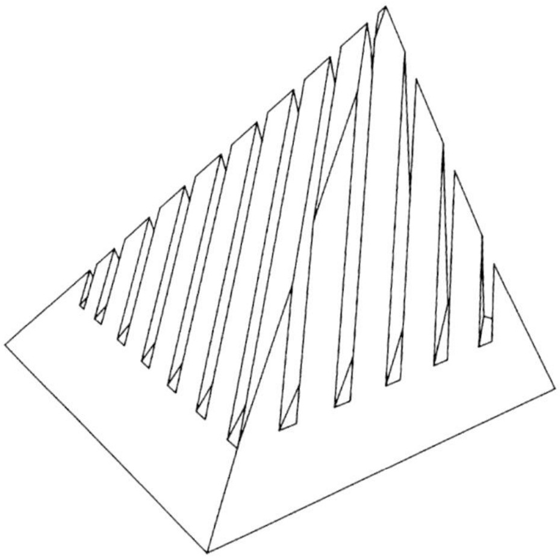

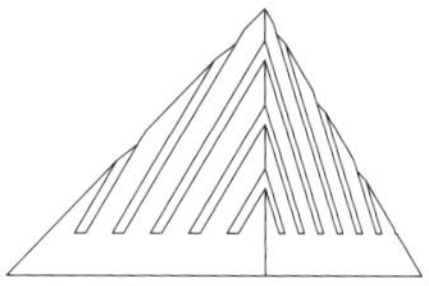

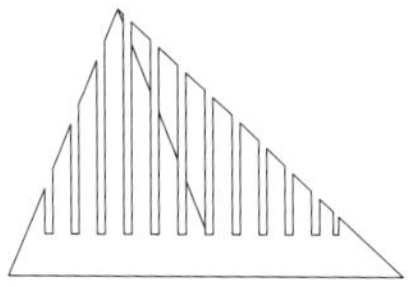

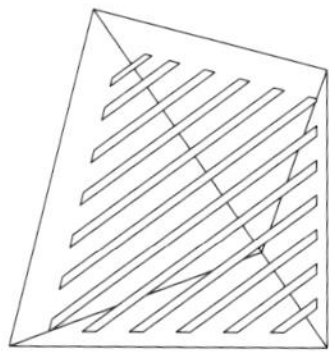

这是一件很有创意的沙发坐具，由一整块海绵立体切割而成，造型及制作过程简单、快速，但却很好地传达出造型与功能的冲突。作品的材料与功能结合得很好，尖锐的视觉外观与软绵的坐感形成了有趣而又印象深刻的体验，设计概念新颖。但是由于材料特性的限制，海绵直接暴露在外边缘很容易出现破损，长时间的氧化也会使颜色逐渐变得灰黄。

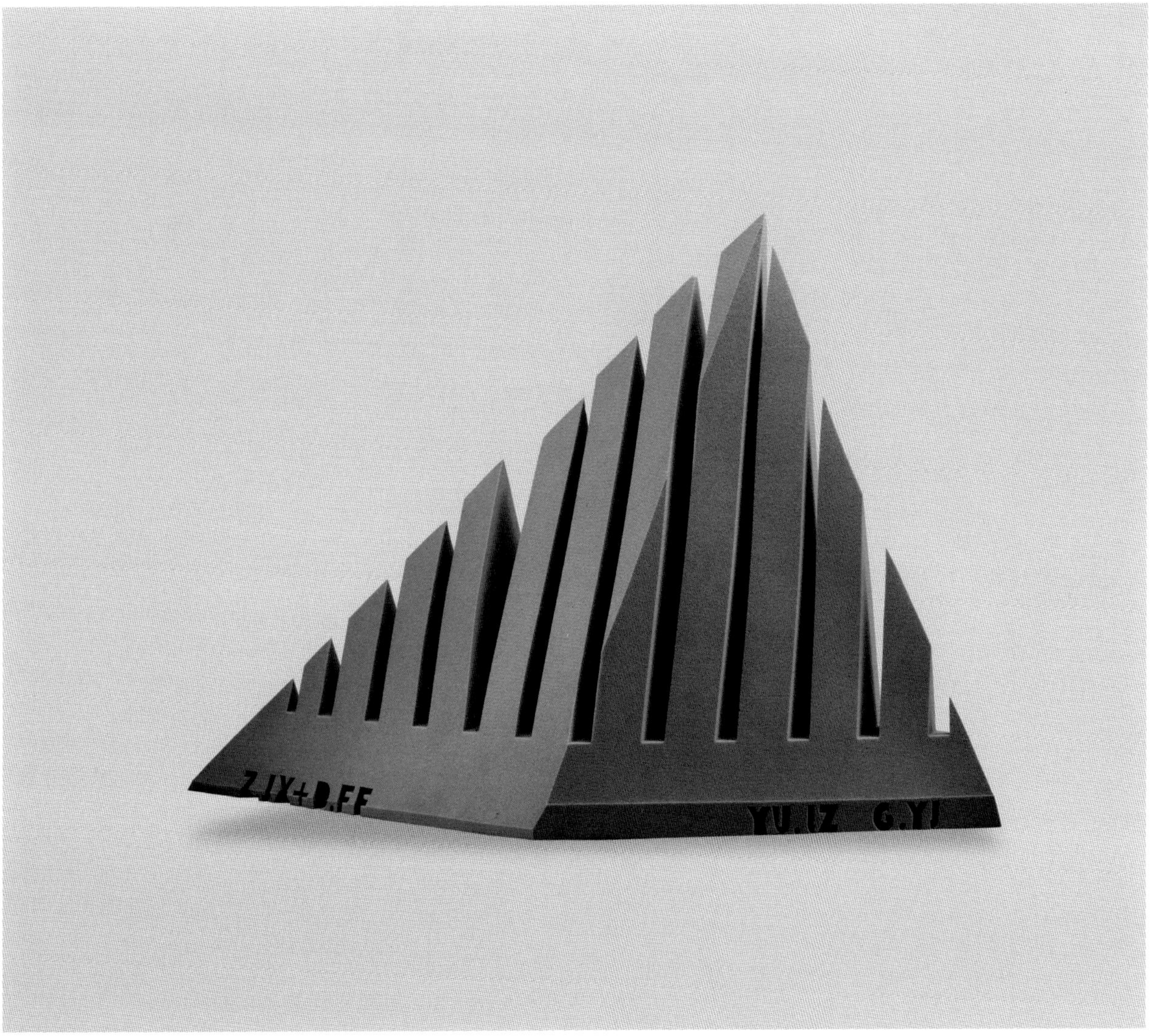
YU.JZ G.YJ

YU.LZ G.YJ

2014

实践学生：2012 级

指导教师：于历战

明椅

梭形沙发

圆球软凳

折叠躺椅

方软椅

藏书椅

亲子沙发

孔雀禅椅

鬼影

摇椅

蝙蝠侠躺椅

曲板休闲椅

明椅

张浩

白橡木、亚克力型材

600mm×500mm×660mm

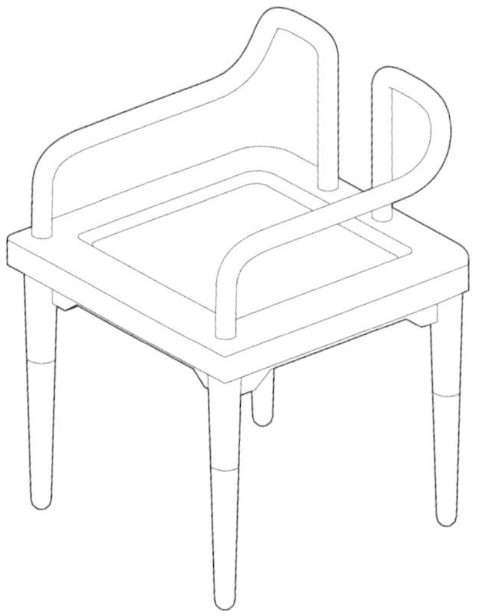

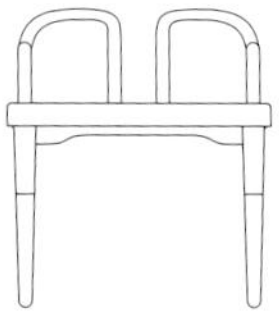

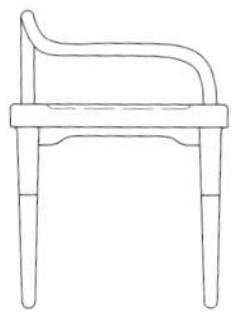

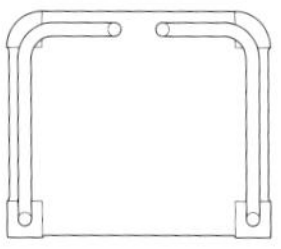

一次家具实践就让学生爱上了家具设计，这位同学前一年曾参加过实习，与同学合作完成的家具并不能满足其独立设计制作的欲望，这年再次来到工厂，有备而来完成了一件非常好的作品。作品虽然叫“明椅”，但其最初设计概念与中国传统家具并没有关系，只是凭直觉和喜好进行设计，“明”只取其透光明亮之意。材料除实木外还特意选择了透明亚克力棒，一种家具中并不常用的材料。最初教师并不看好其设计，一是透明亚克力往往显得过于通透单薄甚至轻浮，再有直径 40 的实心的亚克力棒加工起来并不容易。由于不是家具中常用的，工厂中并没有此材料，师傅们也完全不会加工亚克力，但学生似乎并不在意，在淘宝上轻松搞定，顺带买了个热风枪。整个制作全程自己搞定。靠背三维空间中的弯曲，完全自己手工完成，而且制作精良，为取得更好的视觉效果将透明亚克力做成磨砂效果，与木质部分协调又使整体显得轻盈，整件作品比例协调匀称，注重细节，形式新颖，缺点是腿部两种材料的连接处强度不够牢固。

梭形沙发

胡钰铭

黑胡桃木、织物软包

1400mm×380mm×340mm

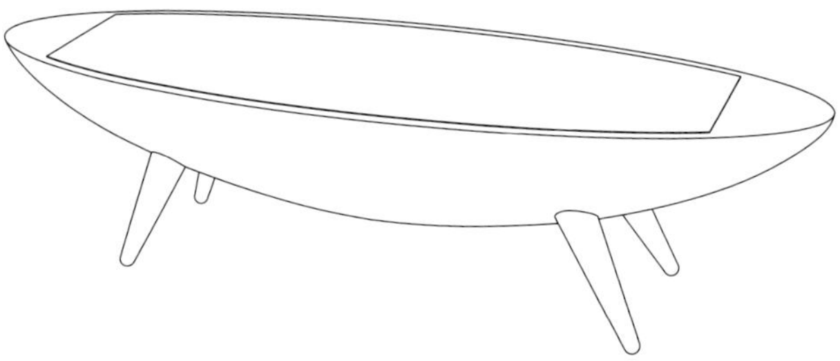

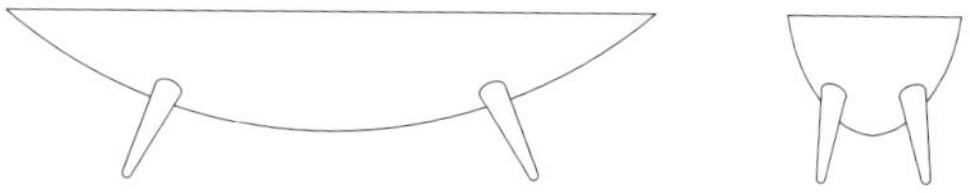

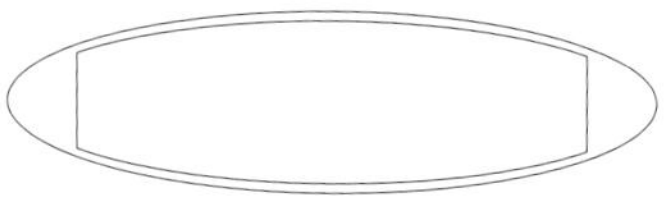

这位同学也是因为实习痴迷上了家具设计，第二年主动再次前来，并一发不可收，以至后续的硕士、博士均以家具为自己的研究方向。这件作品是一个长凳，形体饱满，比例匀称，尺度合理，坐感舒适。唯一的缺点是由于是整体的梭形，实木材料消耗较大。

圆球软凳

宋泓仪、余光

木质框架、织物软包

665mm×600mm×600mm

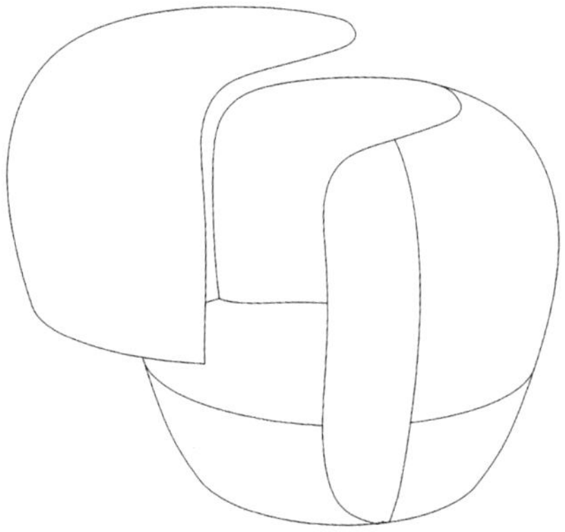

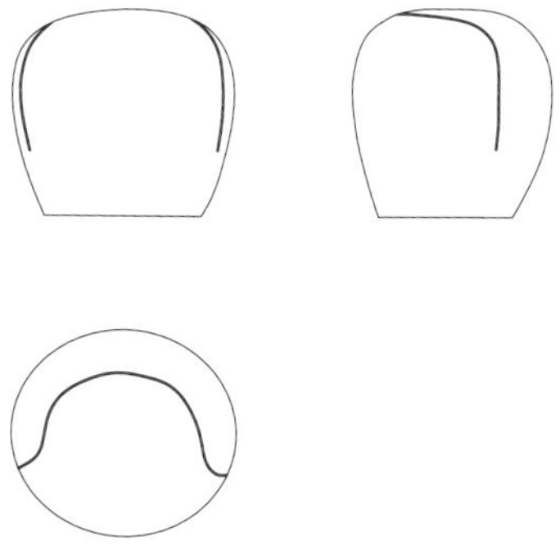

学生希望将椅和凳的功能相融合，于是设计出此款作品。球形的软凳由三块组成，“L”形的木架软包和两块海绵的坐垫。当三块叠摞组合在一起时是一个球形的软凳，可以单独使用，也便于收纳。拿下第一层的坐垫时成为矮靠背的小型沙发椅，拿下的坐垫成为脚垫，但椅背设计得略直，使舒适度下降。在制作中软包之间的贴合度控制起来比较难，导致各部分组合起来并不能严丝合缝，细节上显得略粗糙。

折叠躺椅

郭珊、伍晓媛

木质多层板、水性开放漆

525mm×1500mm×942mm

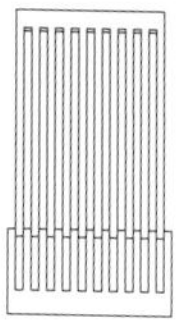

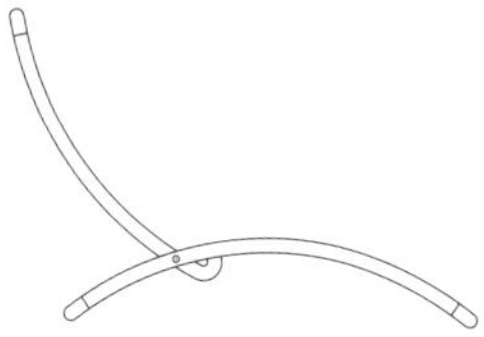

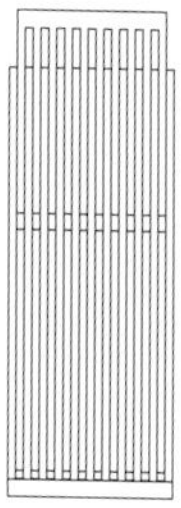

这是一款木质的折叠躺椅，每一条弧形由电脑控制切割并拼接组合而成，工艺、结构都很简单，也方便收纳及使用。学生在设计时考虑到材料和功能，利用交叉和折叠的方式来实现，当折叠时座面和椅背部分咬合重叠成拱形，展开时椅背一端的钩状结构抵住座面起到了支撑固定作用。此作品设计巧妙、制作简单、功能性强。不足是在尺度的把控上稍显欠缺，总体尺度偏大。

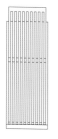

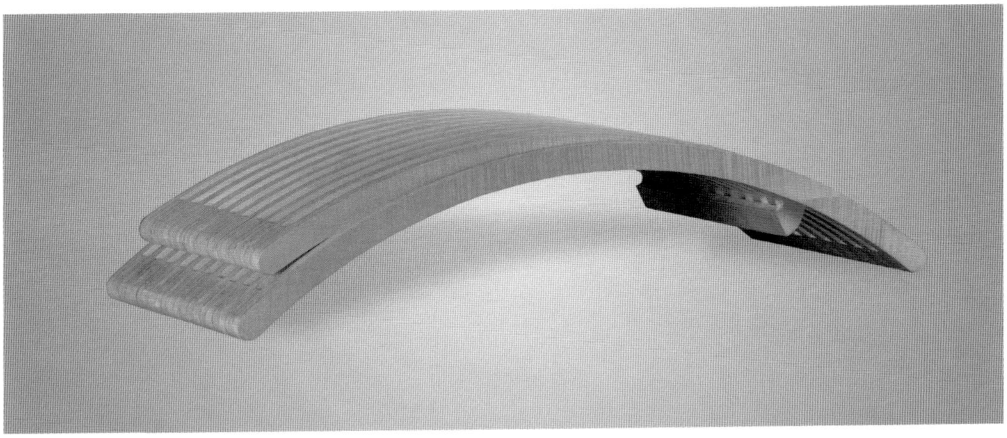

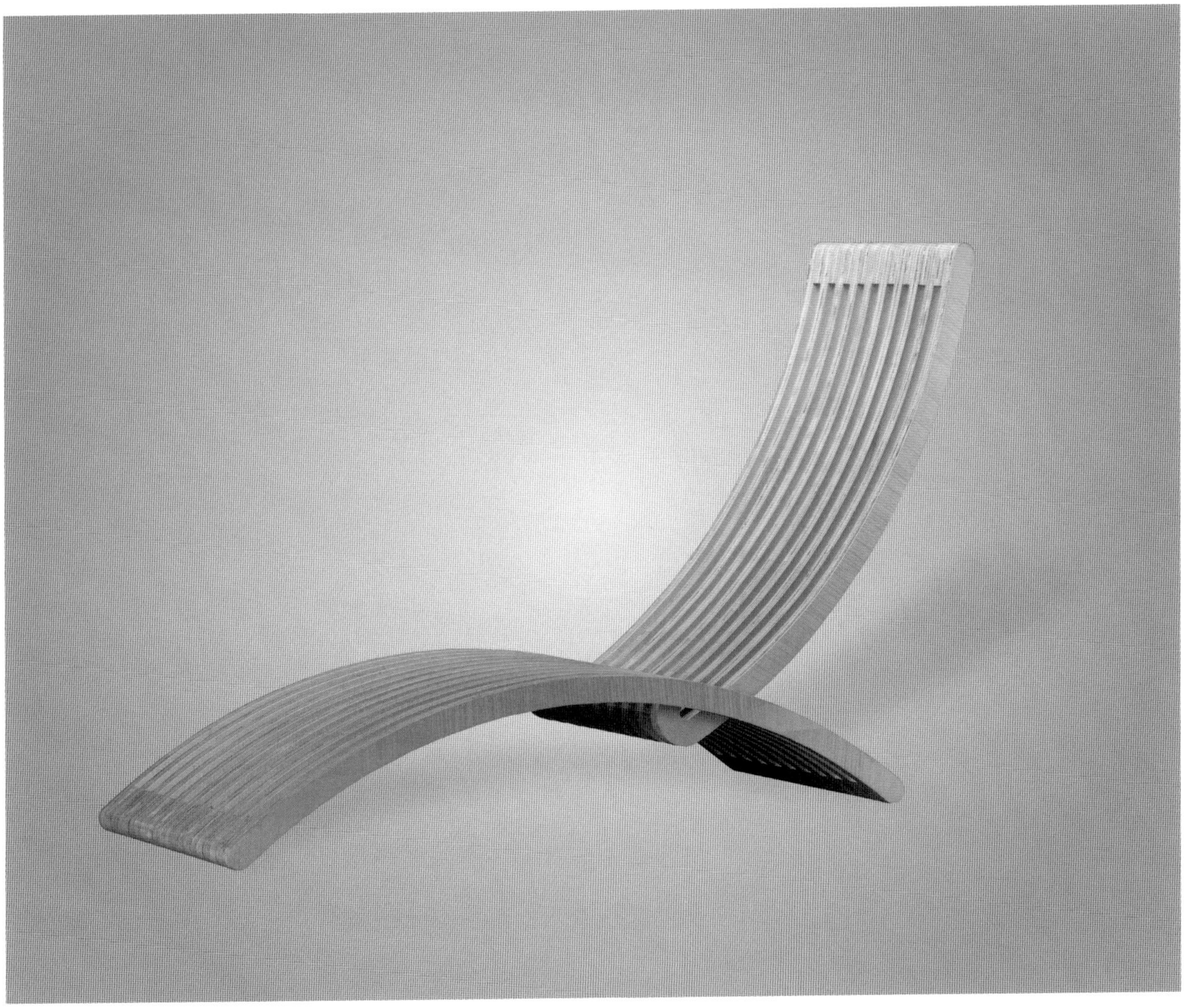

方软椅

娄彪、郑方遒

白橡实木、水性开放漆、织物软包

660mm×560mm×870mm

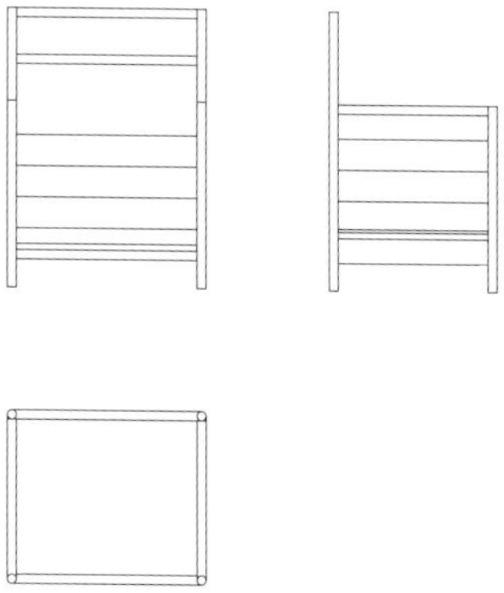

学生意在设计一个功能多样的椅子，既可以作为常规的座椅，也可作为躺椅使用。主体结构为支撑框架加叠摞的大量软垫，颜色选择上浅木色搭配麻色坐垫给人淳朴自然的感受，在座面软垫与支撑结构的衔接上有一定特点。主要问题是主体框架形态上过于僵硬，尤其是靠背过直，舒适度仅靠软垫难以解决根本问题；尺度上，作为座椅时座面过高，作为躺椅时座面与椅背的角度造成舒适度不够。

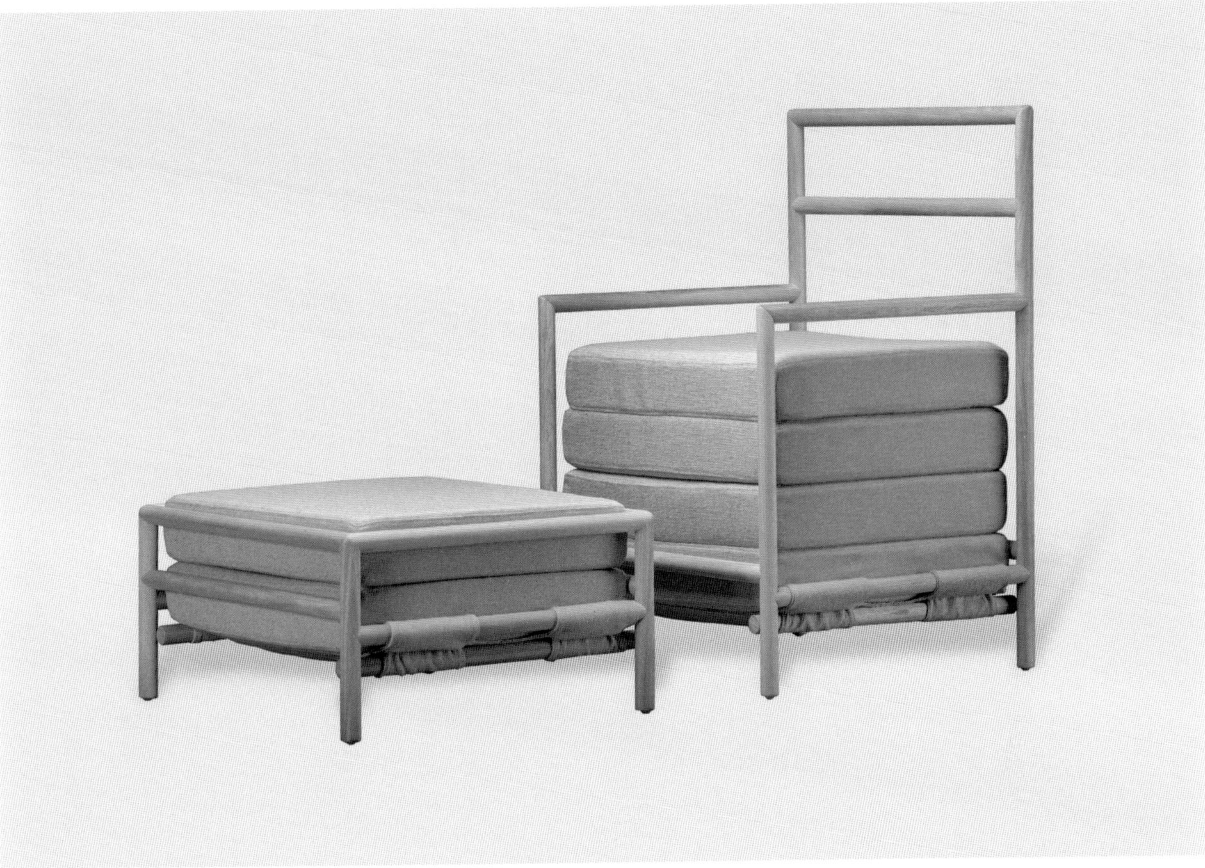

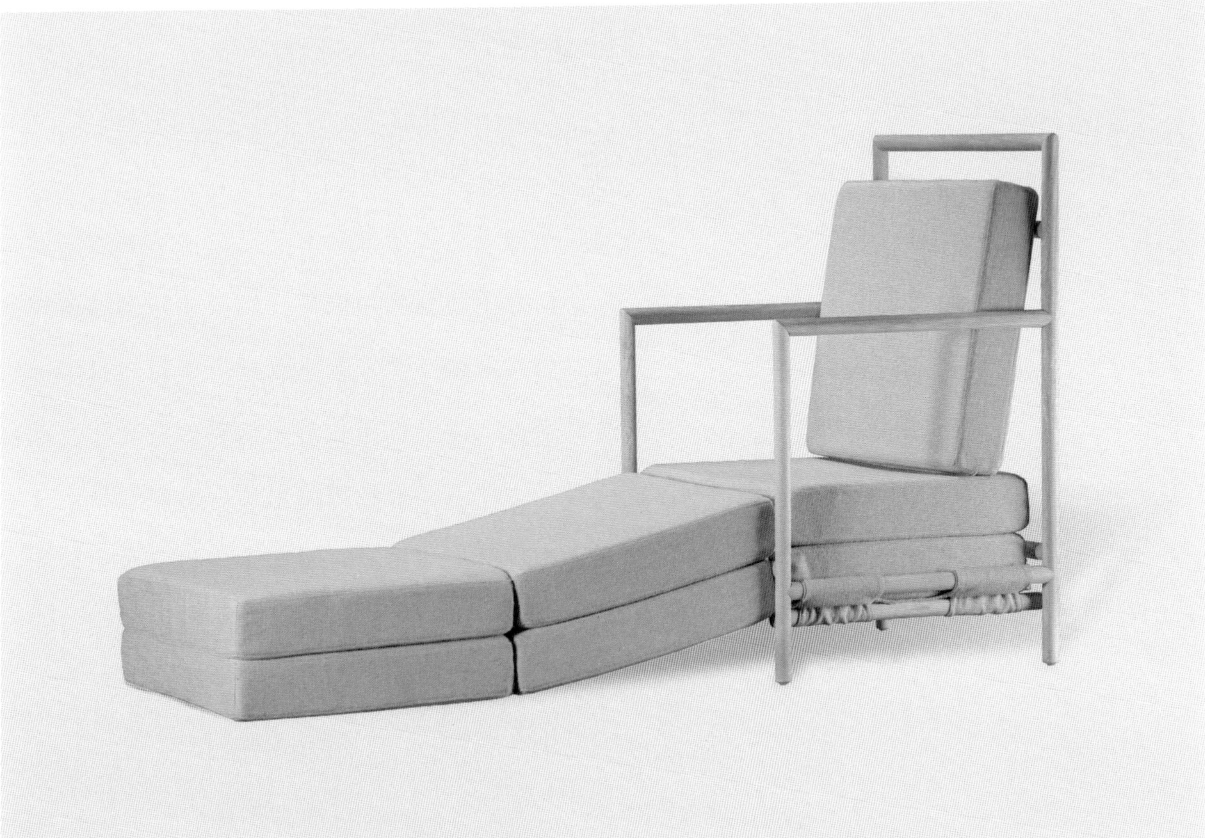

藏书椅

权才珉（韩）、林艺诚（韩）

多层板、水性开放漆

600mm×550mm×850mm

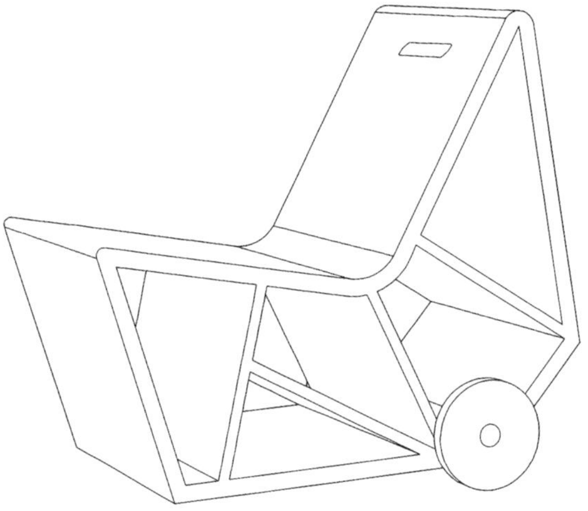

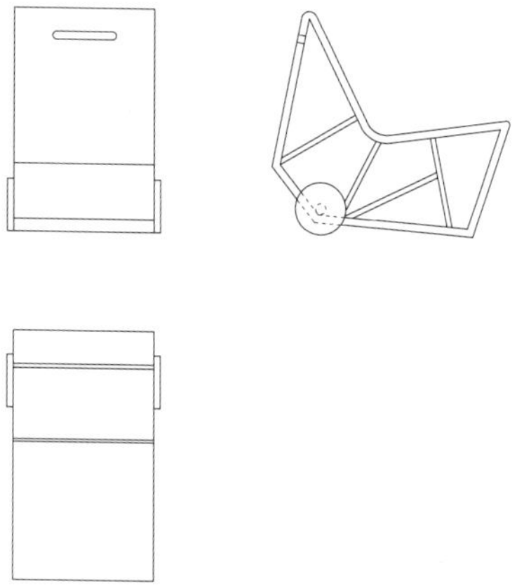

此作品的设计灵感来自家长陪孩子读书的场景。大小两个不同尺度的座椅，椅子的中空部分兼具藏书储物功能。学生聚焦于一个特定的生活情景有感而发，显得真实生动，很有现实意义。在制作工艺上使用多层板电脑切割，方便快捷；在形态上大小同形，生动有趣，大的椅子重量较大，设计中特意加上了轮子和扣手便于移动。

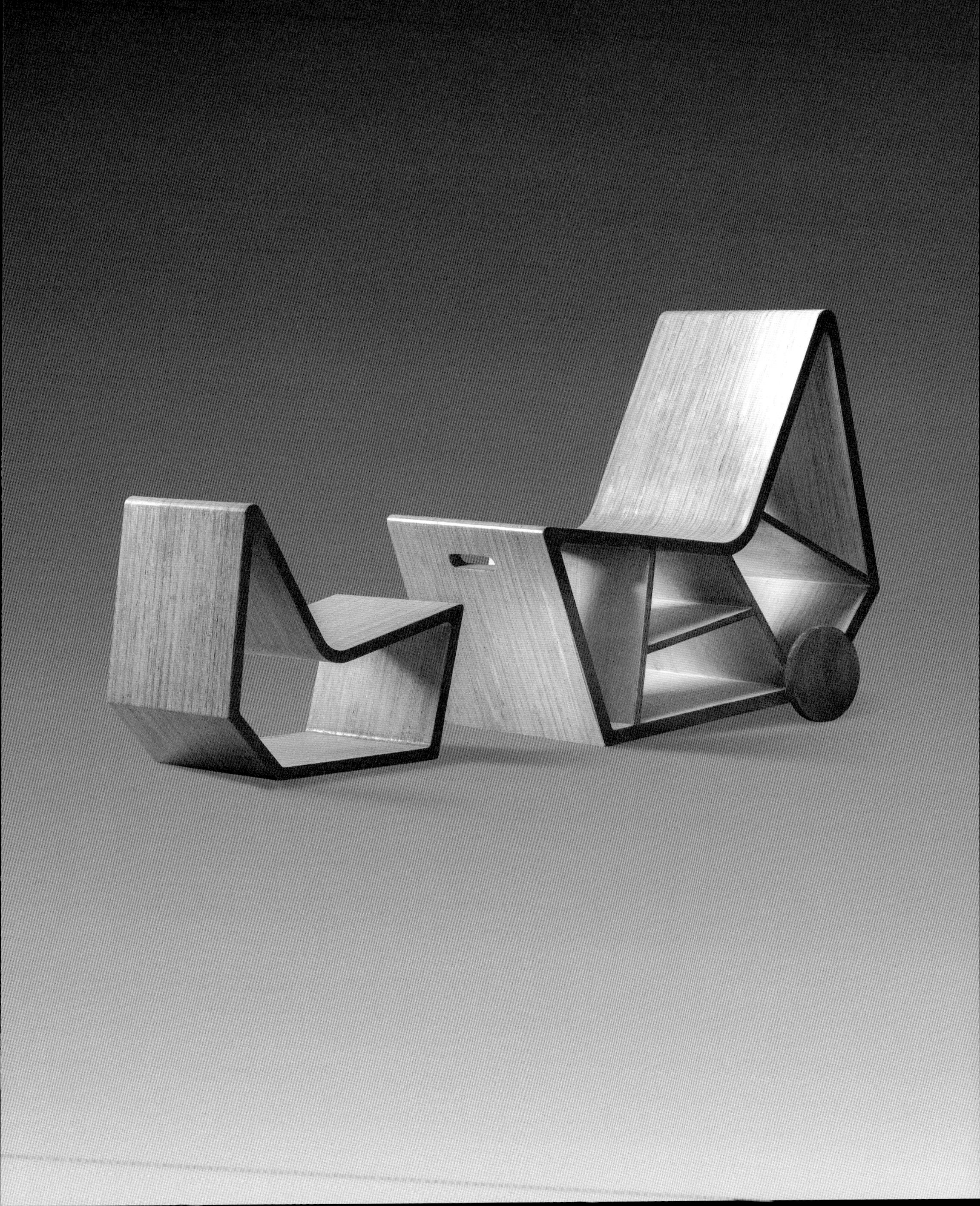

亲子沙发

刘天遥、李鑫

木质框架、水性开放漆、织物软包

高椅子 606mm×252mm×410mm

矮椅子 606mm×252mm×250mm

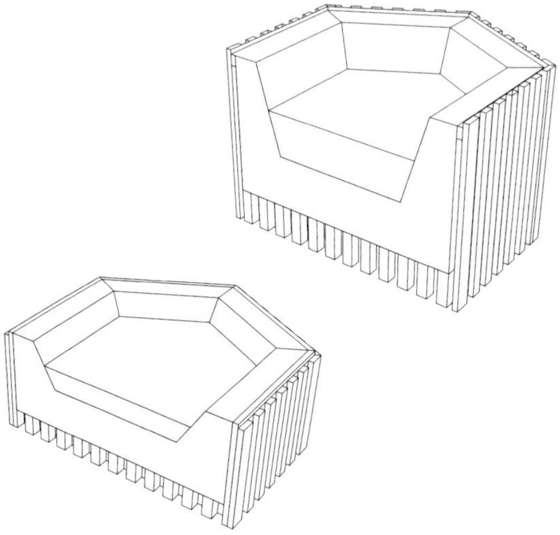

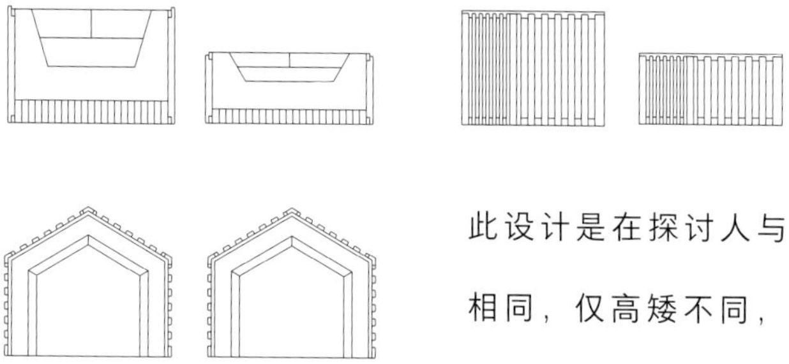

此设计是在探讨人与人、人与家具尺度的关系。两把椅子平面尺度相同，仅高矮不同，分别属于孩子与家长，平时随意摆放可以促进相互之间的交流，而将小椅子倒扣叠放在大椅子上可节省收纳空间，倒扣单独放置还可作为茶几使用。学生原本立意很好，为两代人交流、融合所设计，但是对于使用及制作细节的思考略显欠缺，例如叠摞收纳时软垫突出，无法很好贴合；倒扣作为茶几时，原有软垫显得尴尬，更无处安身。结果似乎只能一种状态更合适。

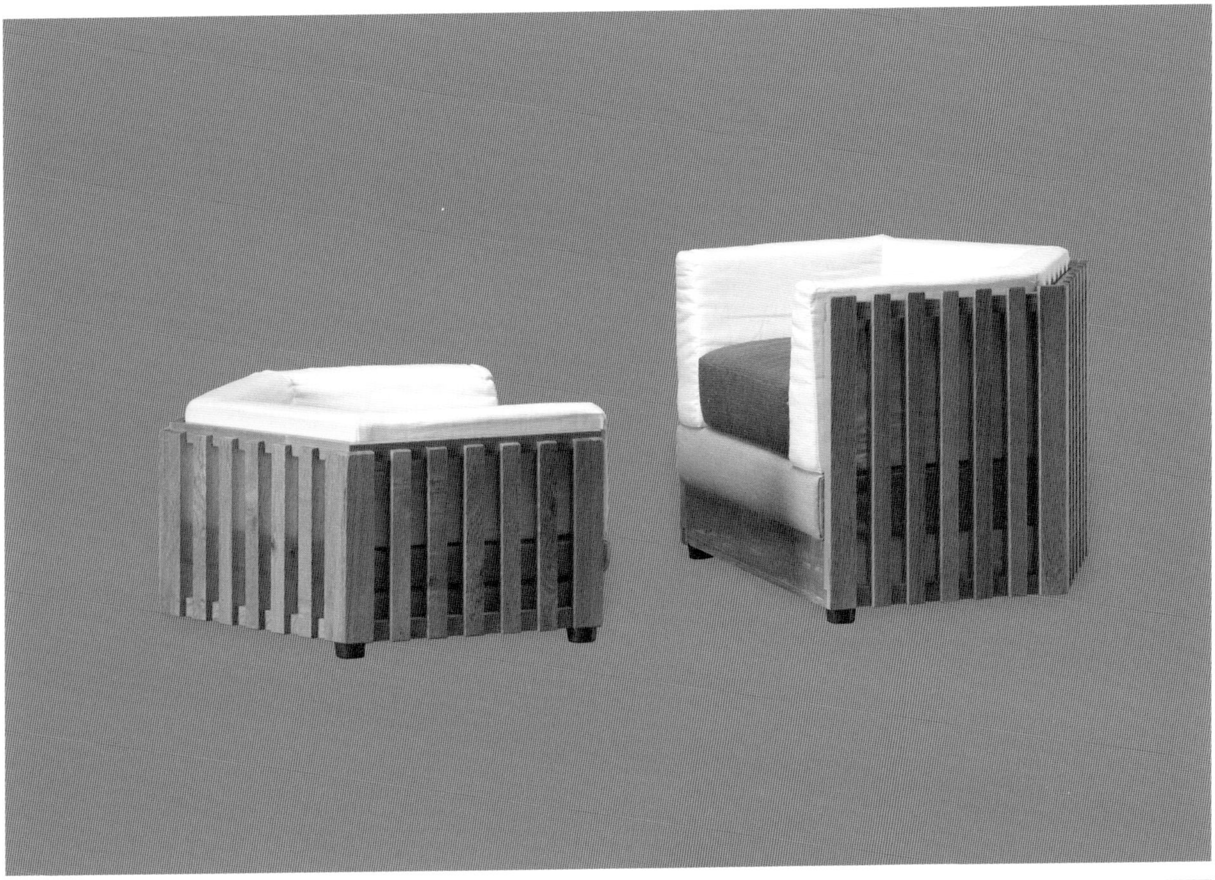

孔雀禅椅

于梦淼、童靖茹

白橡实木、水性开放漆、织物软包

110mm×860mm×1270mm

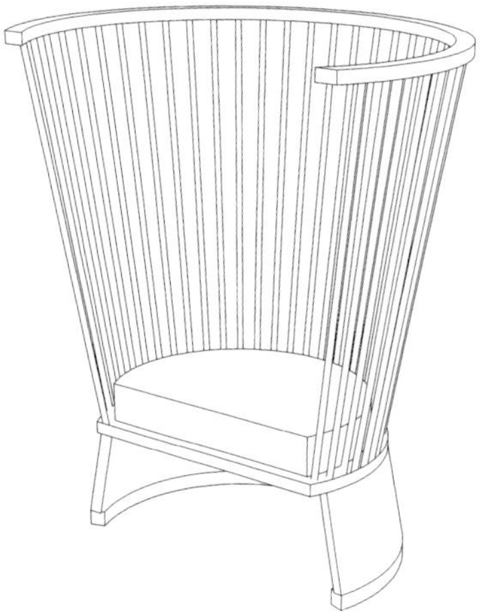

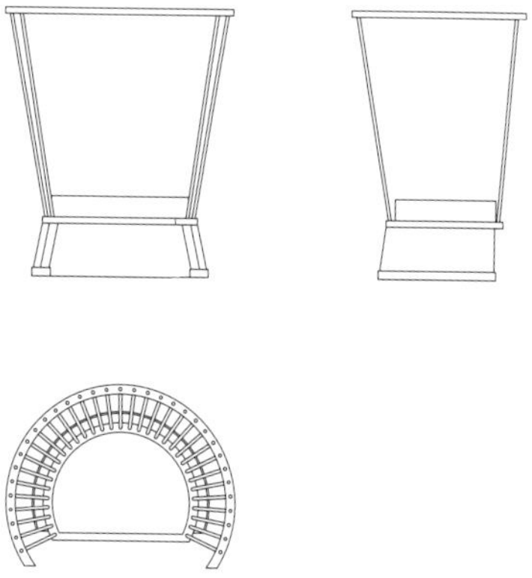

此作品的灵感来自著名的孔雀椅，靠背密排的扇形木棍既很好地形成了一种视觉屏障，也形成阵列，具有秩序性的美感。但在整体造型统一性上有所欠缺，下部空心的支撑形态与整体的设计语言略显不符；尺度上座面略高，进深较大，使舒适度打了一定折扣。由于经验不足，扇形的椅背结构强度较低，致使完成后使用功能较弱。

鬼影

于梦淼

海绵整体切割

700mm×450mm×420mm

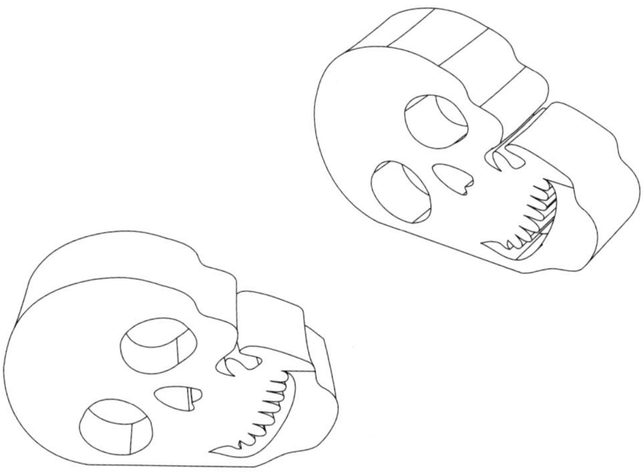

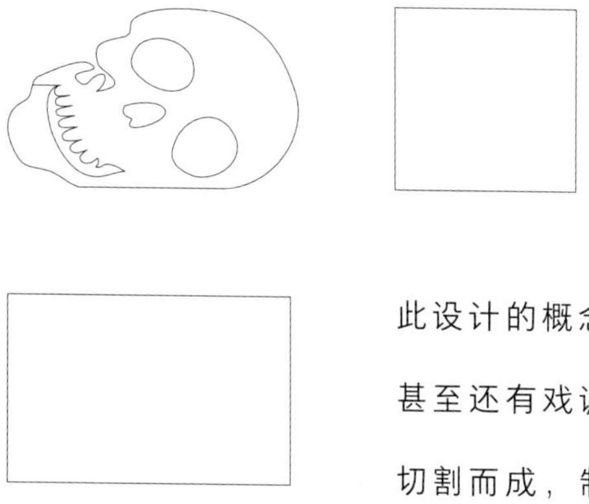

此设计的概念来自孩子们对恐怖事物的态度，从惧怕到坦然，甚至还有戏谑过程。作品是由一块中等硬度炭灰色海绵整体切割而成，制作简单，形态生动。鬼脸的恐怖形态与被坐后搞笑的形变形成对比，相映成趣。作品极具戏剧性和互动性，体现出学生天马行空的的想象力和天真的童趣。

摇椅

娄云彬、徐堂浩

木结构织物软包、金属型材

1440mm×1325mm×385mm

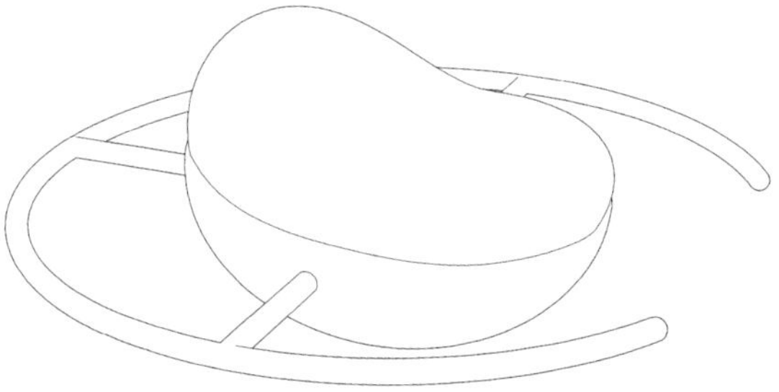

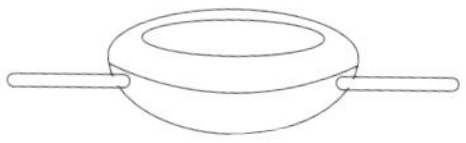

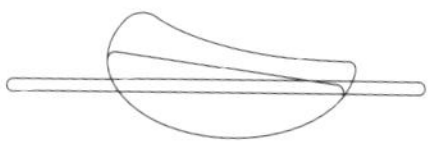

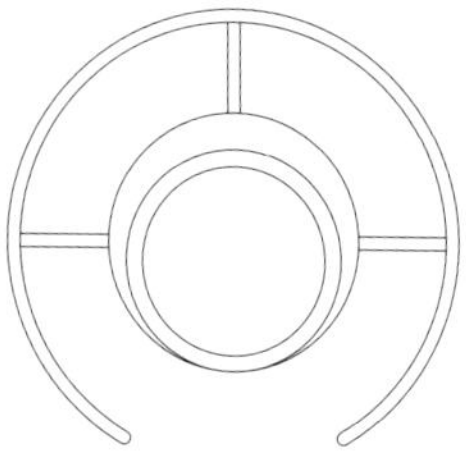

学生出其不意地打破了对摇椅的认知，以“飞碟”的形态来做一把互动性很强的坐具，颇具创新性。球形底面起到摇摆作用，而巨大的圆环学生称是为了限位和制动。设计虽然很有想象力，但形态缺乏细节，显得粗糙，尤其圆环粗大、笨重，比例失调，摇动起来较为困难，形式大于功能，需要进一步优化。

蝙蝠侠躺椅

印臻焕、陈旭

金属框架、黑色网布

1287mm×700mm×655mm

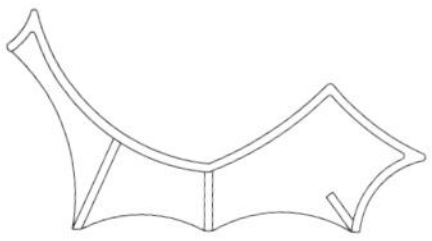

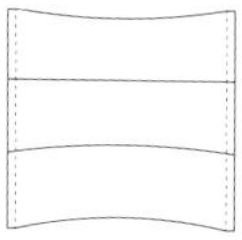

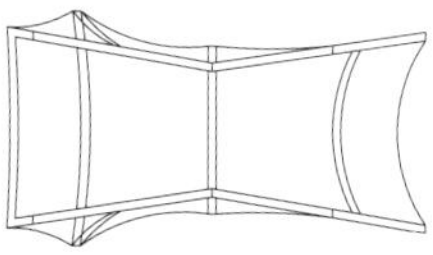

这是一件造型独特的躺椅。由金属管作为内部结构支撑，外面蒙黑色弹力网布。紧绷的网布形成内凹曲面，线条流畅别致，整体造型酷炫，识别度很高，极具想象力。在材质上学生将金属支架和网布相结合，别出心裁，由于经验不足，在工艺细节上有些考虑不周，选择的网布虽然弹性很好，但即使双层也显得较为单薄，承重能力较差，功能受到一定限制，局部支撑的突出点，还应做加固处理。

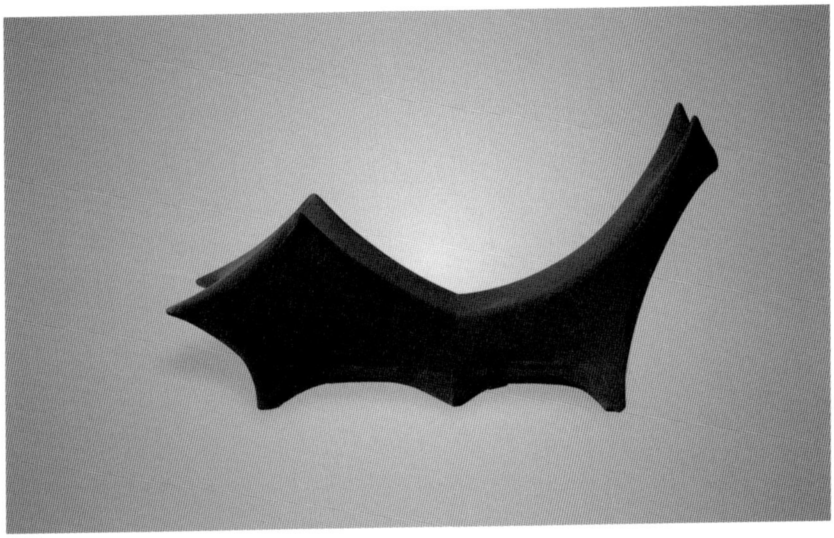

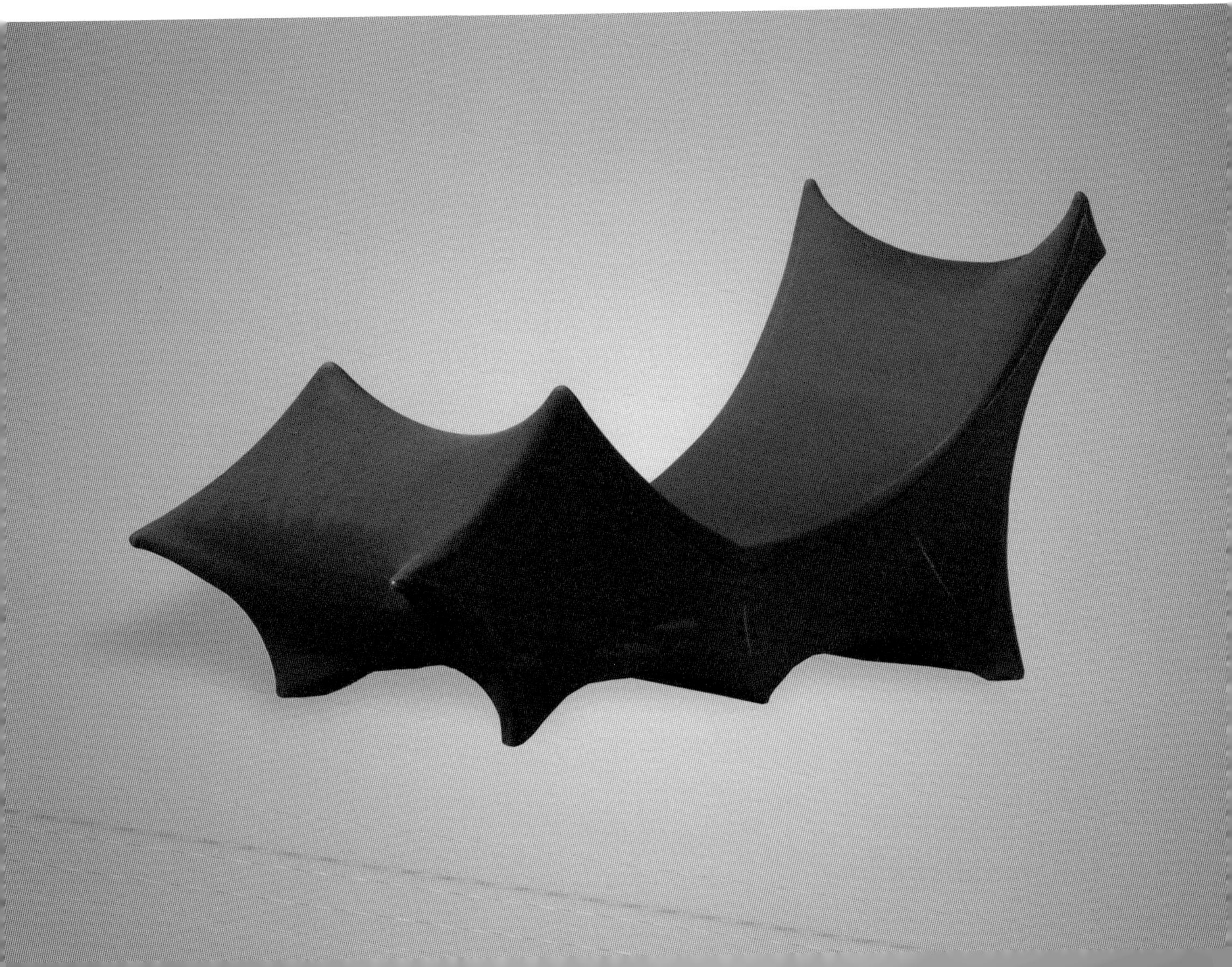

曲板休闲椅

方妍舒、雷逸飞

白橡实木、多层板弯曲、水性开放漆

500mm×680mm×790mm

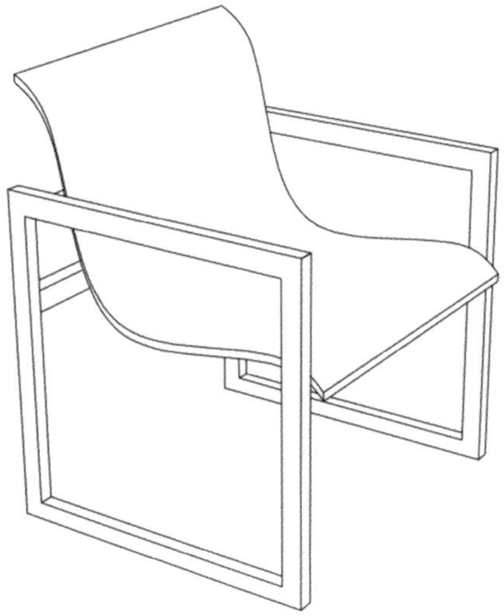

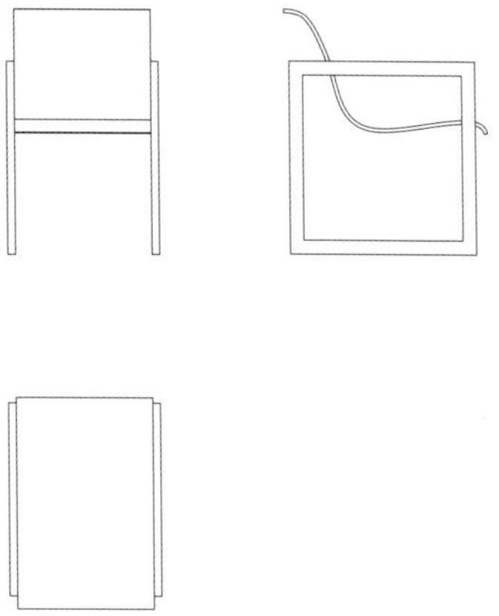

此作品由木质框架和曲板组合而成，结构与形式语言清晰、统一，整体造型简洁流畅。座身“S”形的曲板和直线条的木框架刚柔并济、相得益彰，刻意选取的深木色贴面曲板显出曲线的柔和与流畅，座身倾斜角度恰到好处。浅木色的框架显出方正与力度，与座面形成对比，是一件较为完美的作品。

2014 年 / 2012 级 清华大学美术学院本科家具设计实践教学

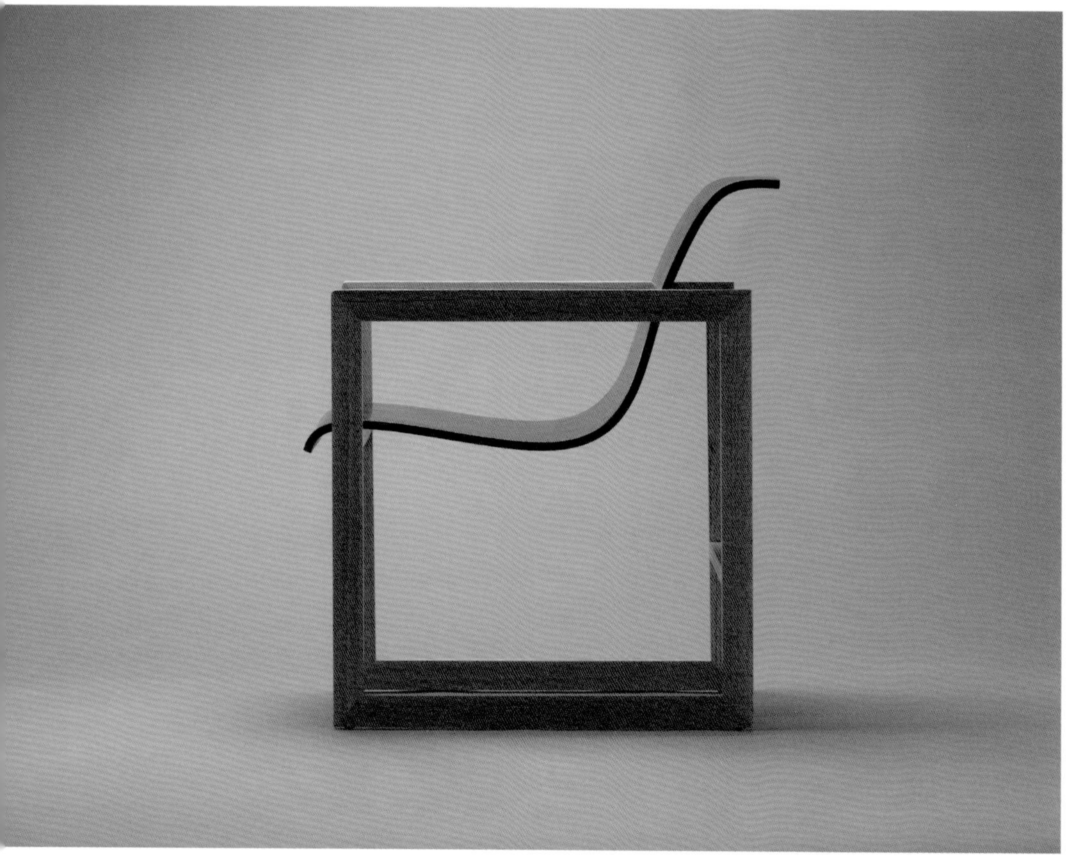

2015

实践学生：2013级

指导教师：于历战

支撑——休闲椅

折叠摇椅

冬夏两用椅

曲面钢管圈椅

对影·情侣椅

儿童椅

蔷薇心语

曲柄休闲椅

X椅

鲁班椅

支撑——休闲椅

陈俊光、程丹蕾

黑胡桃木、水性开放漆、帆布

椅子 610mm×780mm×830mm

灯 273mm×350mm×1500mm

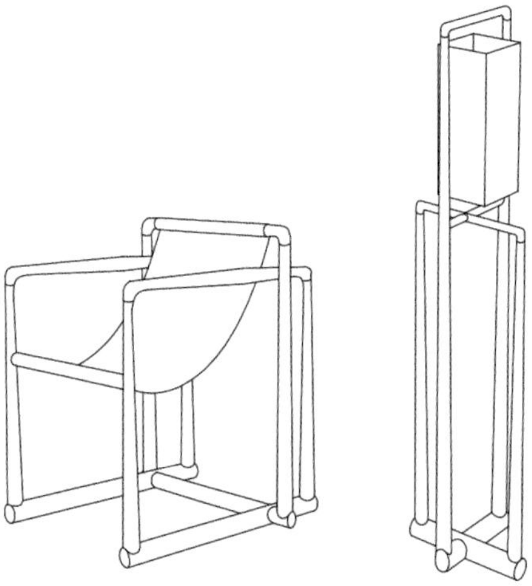

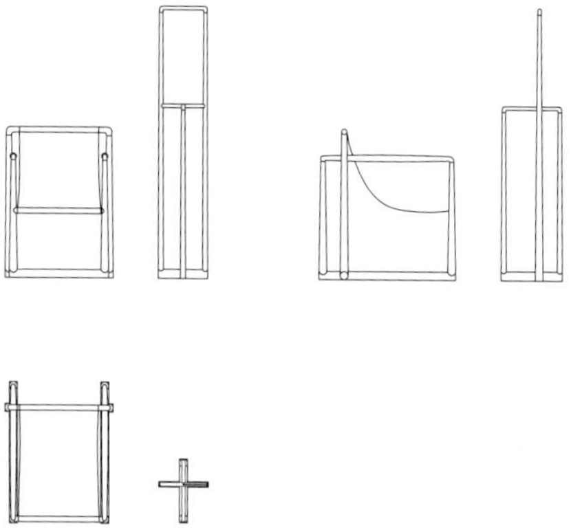

这是同一造型逻辑下的两件家具，巧妙地运用“框”的相互交叉形成稳定的结构，对人体的承托采用帆布，木质部分运用榫卯结构，主要木质部件做成变断面，既保证了结构强度，又使家具看起来轻盈有变化，概念更加纯粹，是一件成熟度很高的作品。要说问题的话，座椅前部横撑略高，腿部与椅子前沿接触久了可能会出现腿麻的情况；灯罩与框架结构没有连接，仅仅是放在灯座上，容易掉落。

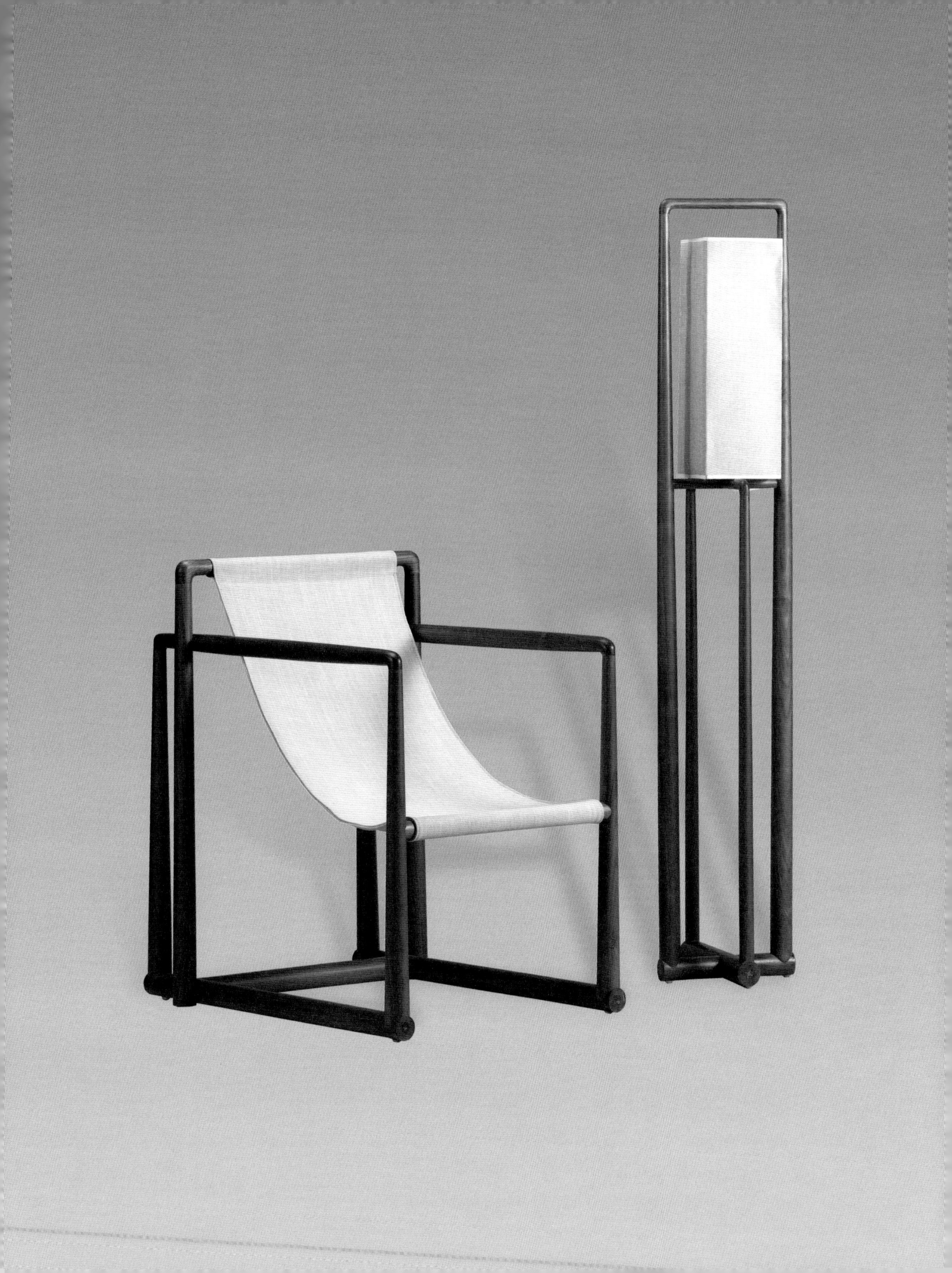

2015 年 /2013 级 清华大学美术学院本科家具设计实践教学

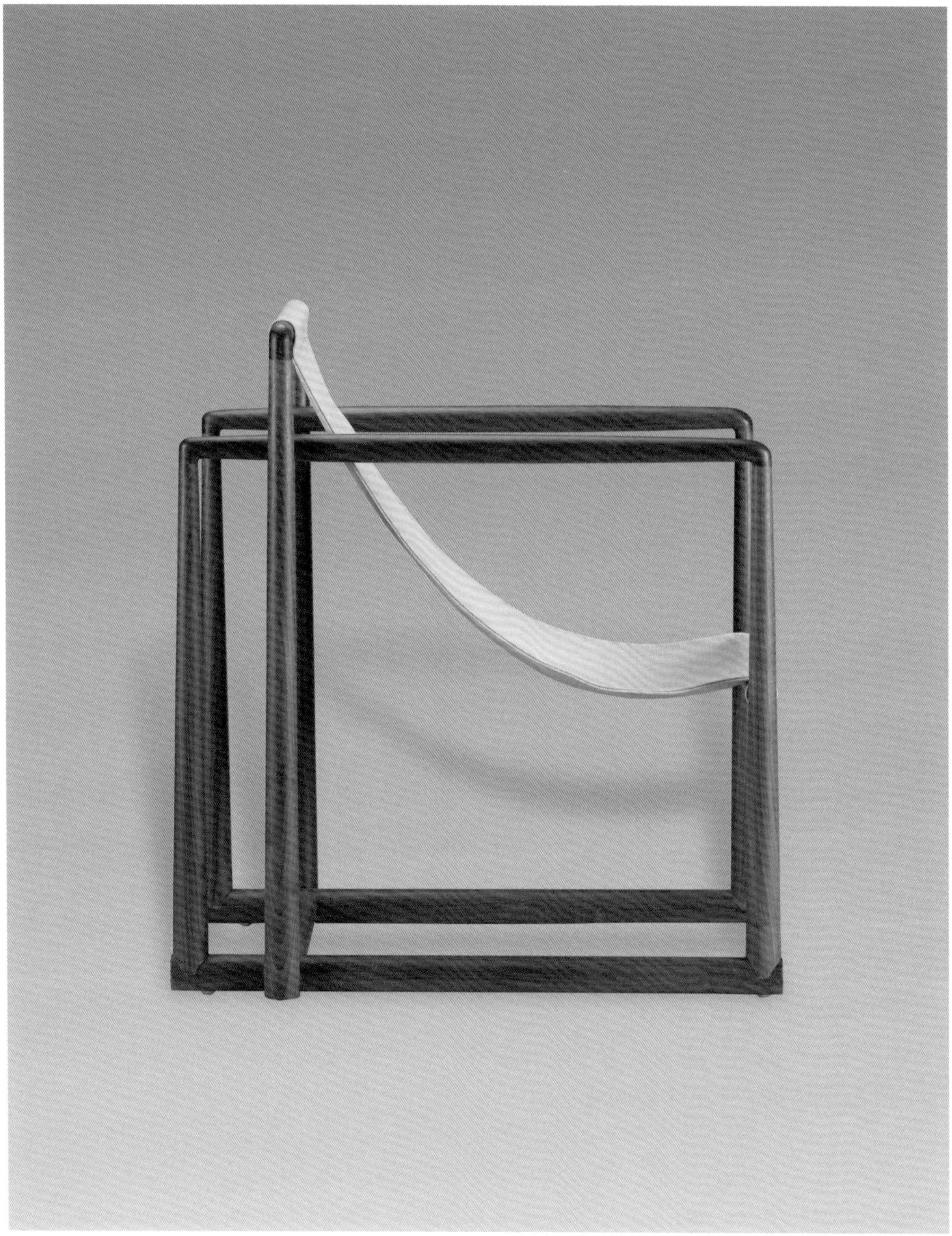

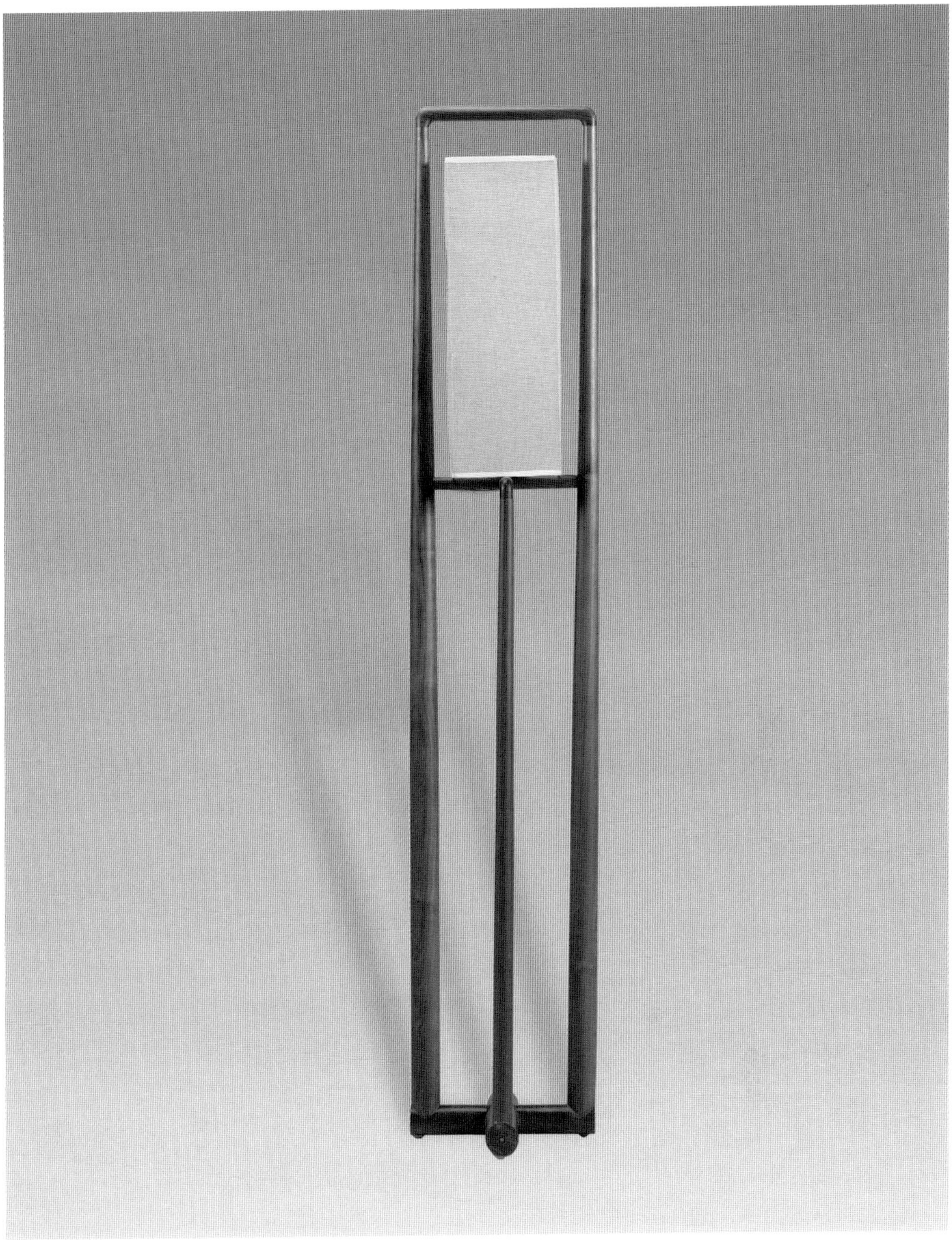

折叠摇椅

杜芳、薄修齐

多层板白枫木皮、水性开放漆

522mm×883mm×1000mm

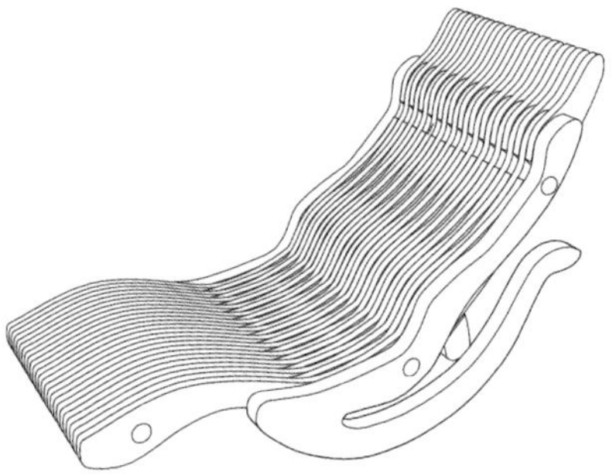

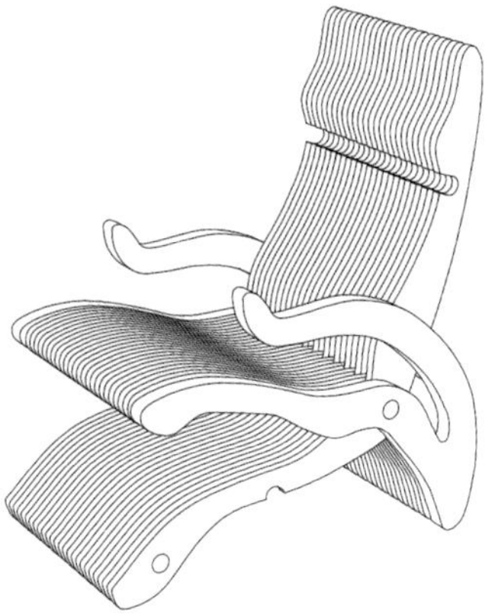

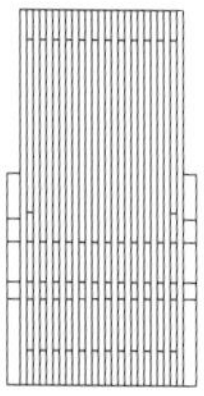

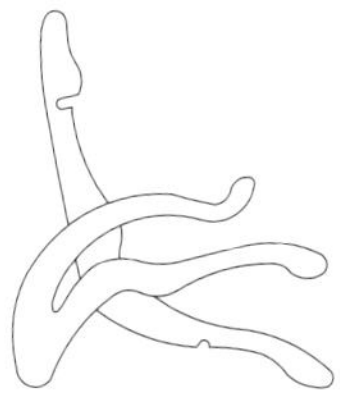

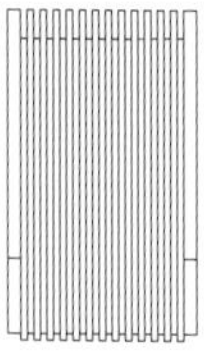

这是两位身材娇小的女生的作品，兼具躺椅和摇椅两种功能，学生在设计座身的凹凸起伏时，尺寸大小完全从自己身体出发，对位精准，使得她们自己坐上去刚刚好，舒适度很高，但体形与她们不一致的人使用时却极不舒服，通用性较差。这是学生在学习、研究尺度时常出现的问题，即将自己身体作为尺子参照去学习尺度是对的，但更要知道设计中的尺度原理，自己的尺度在整体人群中的位置，设计形态需根据原型进行归纳，尺度需进行调整以适应更多的人，才能更具通用性。

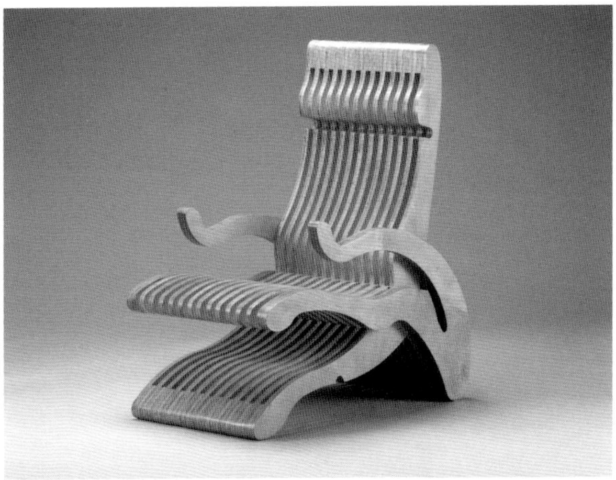

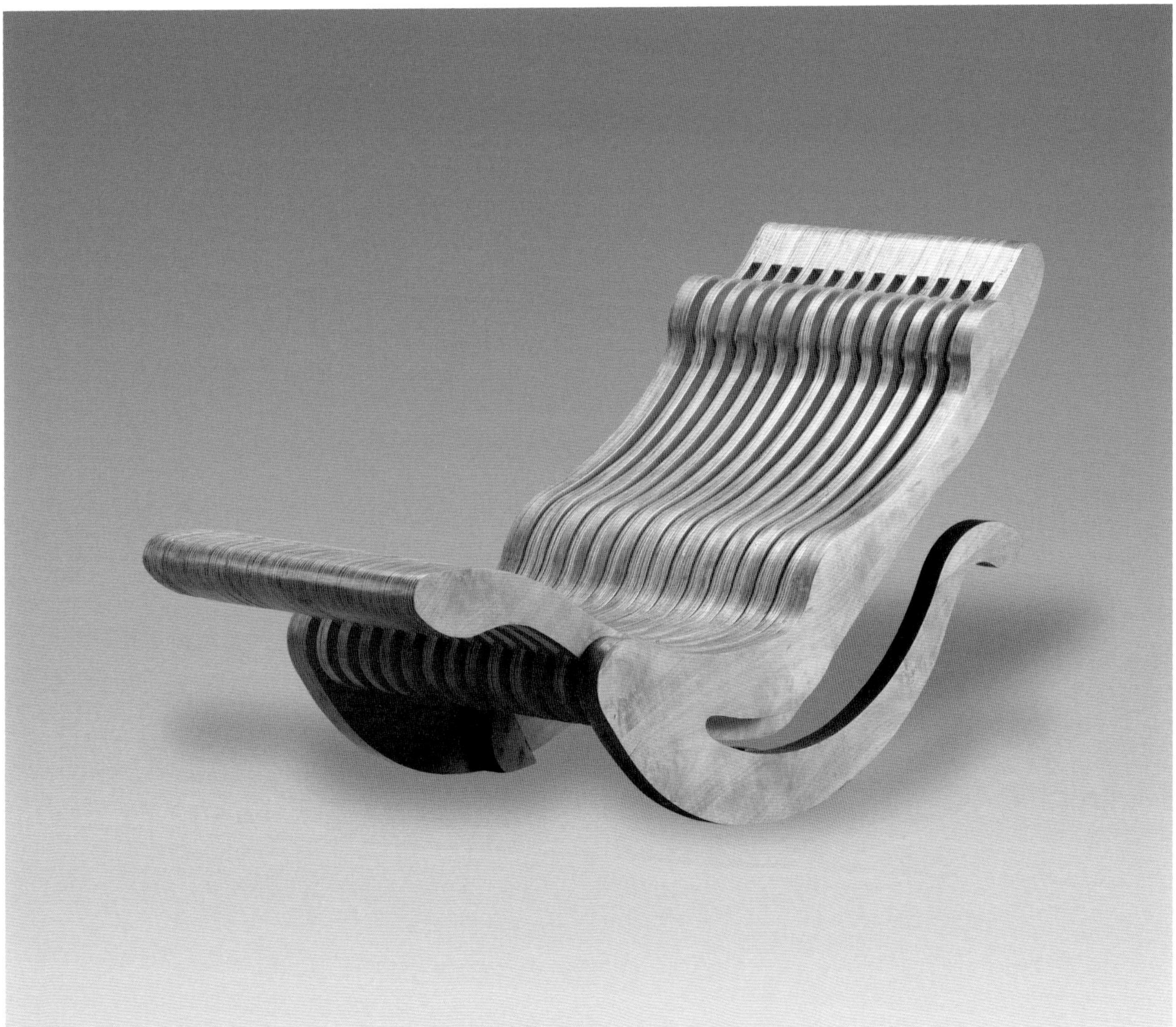

冬夏两用椅

何佩瑶、欧阳诗琪

黑胡桃木、水性开放漆、帆布

773mm×960mm×1130mm

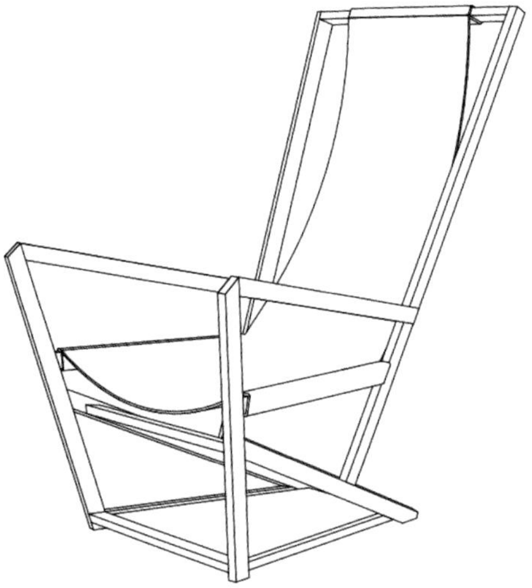

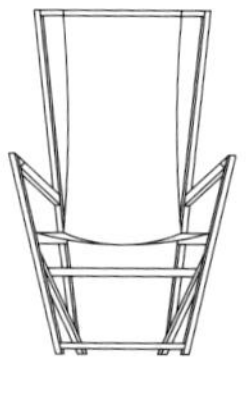

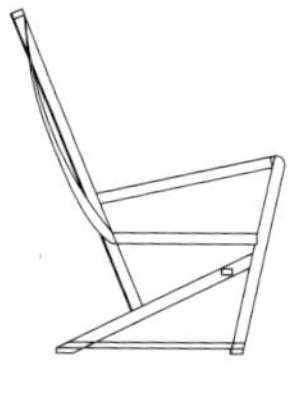

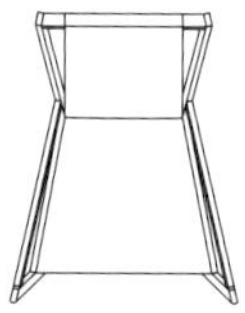

这是学生根据自身生活经验设计的一款冬夏两用椅，联想到冬季在家裹着毛毯看电视的生活场景。设计的座椅自带毛毯，不使用时毛毯可以卷于扶手上，也可放在座面下方。由于从生活中来，设计具有较好的实用性，但为追求轻盈的视觉效果，部件做得过细，部件之间连接点过小，加之整体上大下小的形态导致稳定性不够好，从工厂回学校的过程中就出现部分连接处开裂的情况。

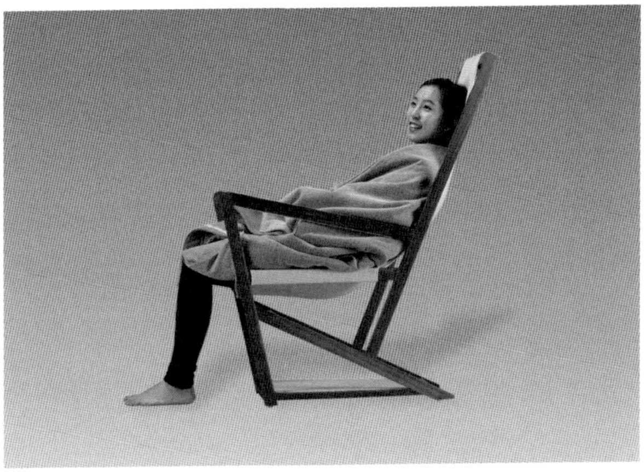

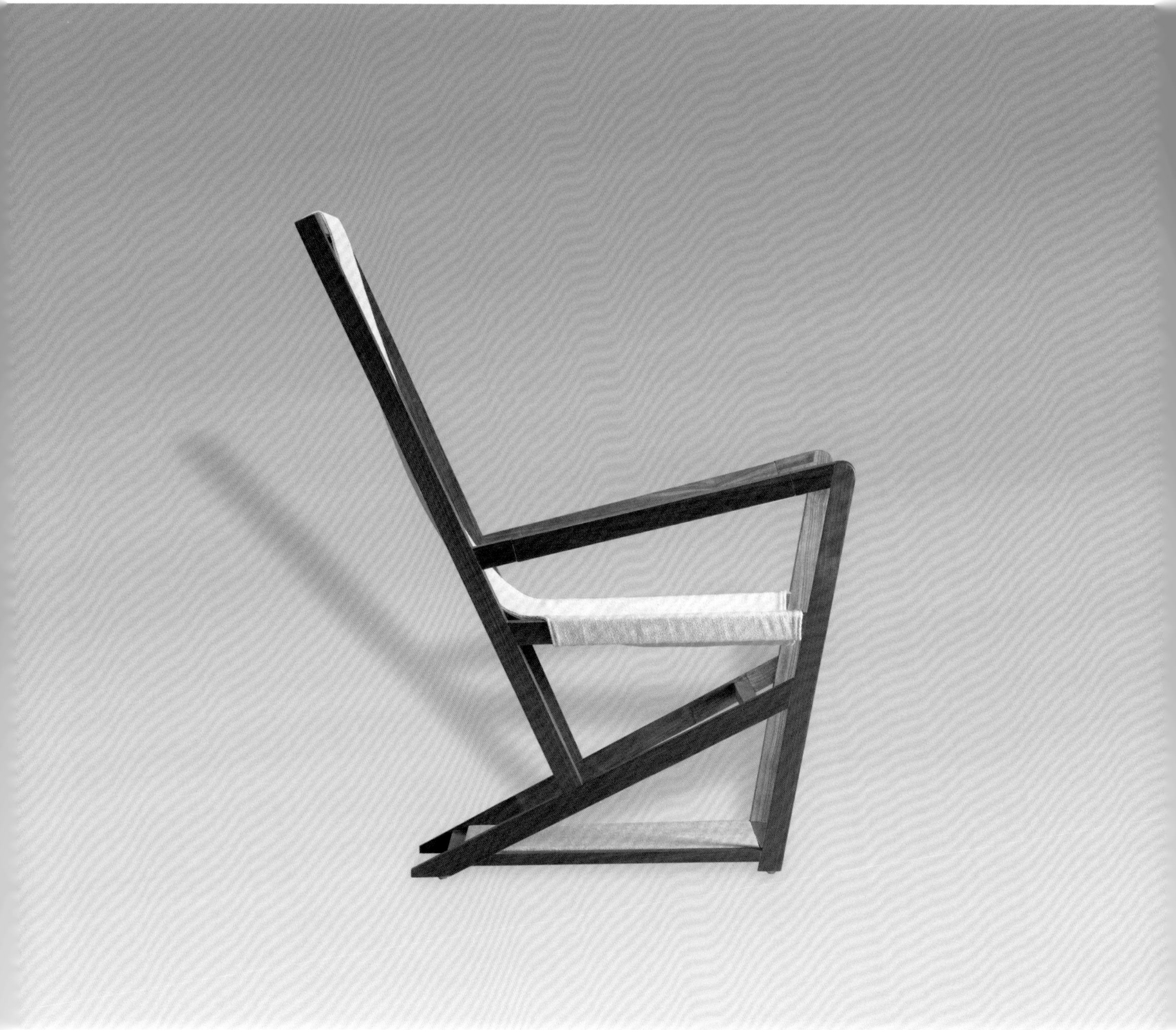

曲面钢管圈椅

何雨霄、唐雪莲（缅甸）

多层板、白色开放漆、不锈钢管

520mm×620mm×677mm

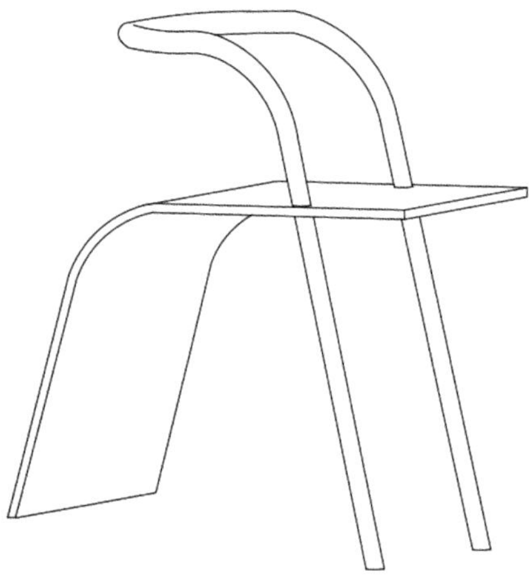

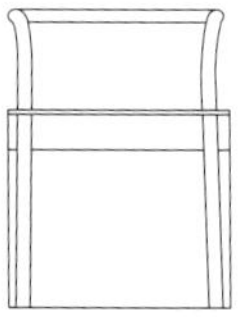

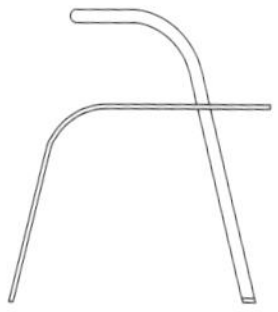

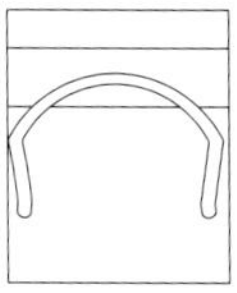

追求极简是现代设计的主要特征，这便是一件极简约的作品。利用弯曲的钢管和曲面的板材相互支撑构成座椅形态。但毕竟钢管与板材的接触面较小，内部虽用垫片来增大接触面积，但接触点的强度仍显不够。正向就座金属管靠背舒适度有限，反向就座反而更别致。

对影·情侣椅

李皓明、吴泽浩

多层板、水性开放漆、金属型材

1210mm×865mm×738mm

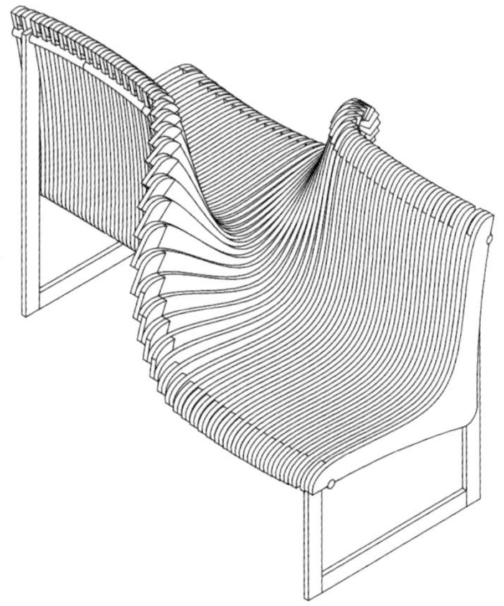

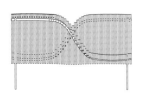

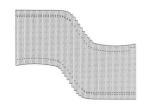

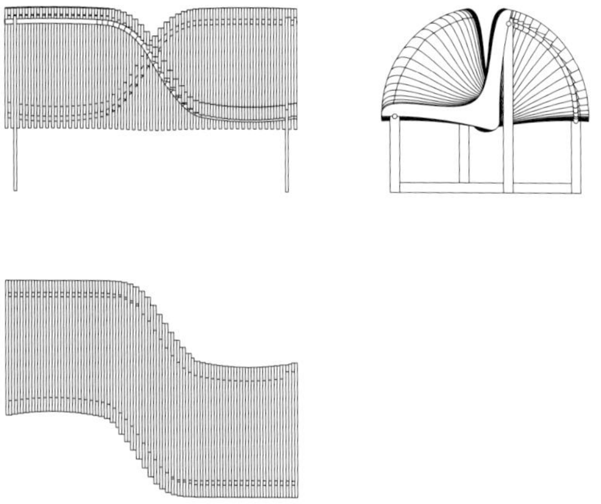

这是一件供双人使用的家具，两人分别靠在椅子不同方向时隔而不离，形成独特的互动效果。椅子形体逻辑简单，形态与结构转换巧妙。制作的难点在于靠背和坐面的钢架结构在三维空间内转换，看似简单但空间结构复杂，对金属加工是一种挑战，返工两遍才最终完成，即使这样，座椅中间部位的钢架连接也并不牢固。

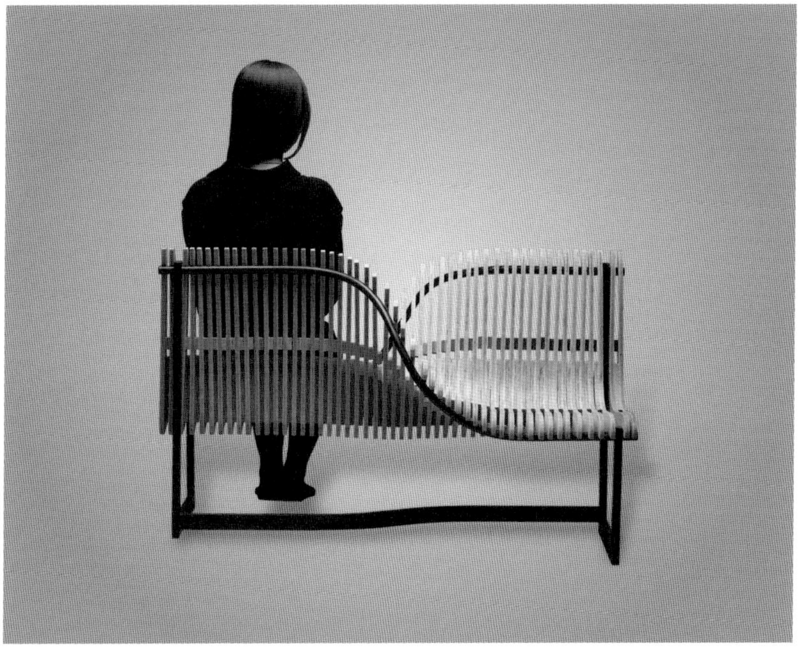

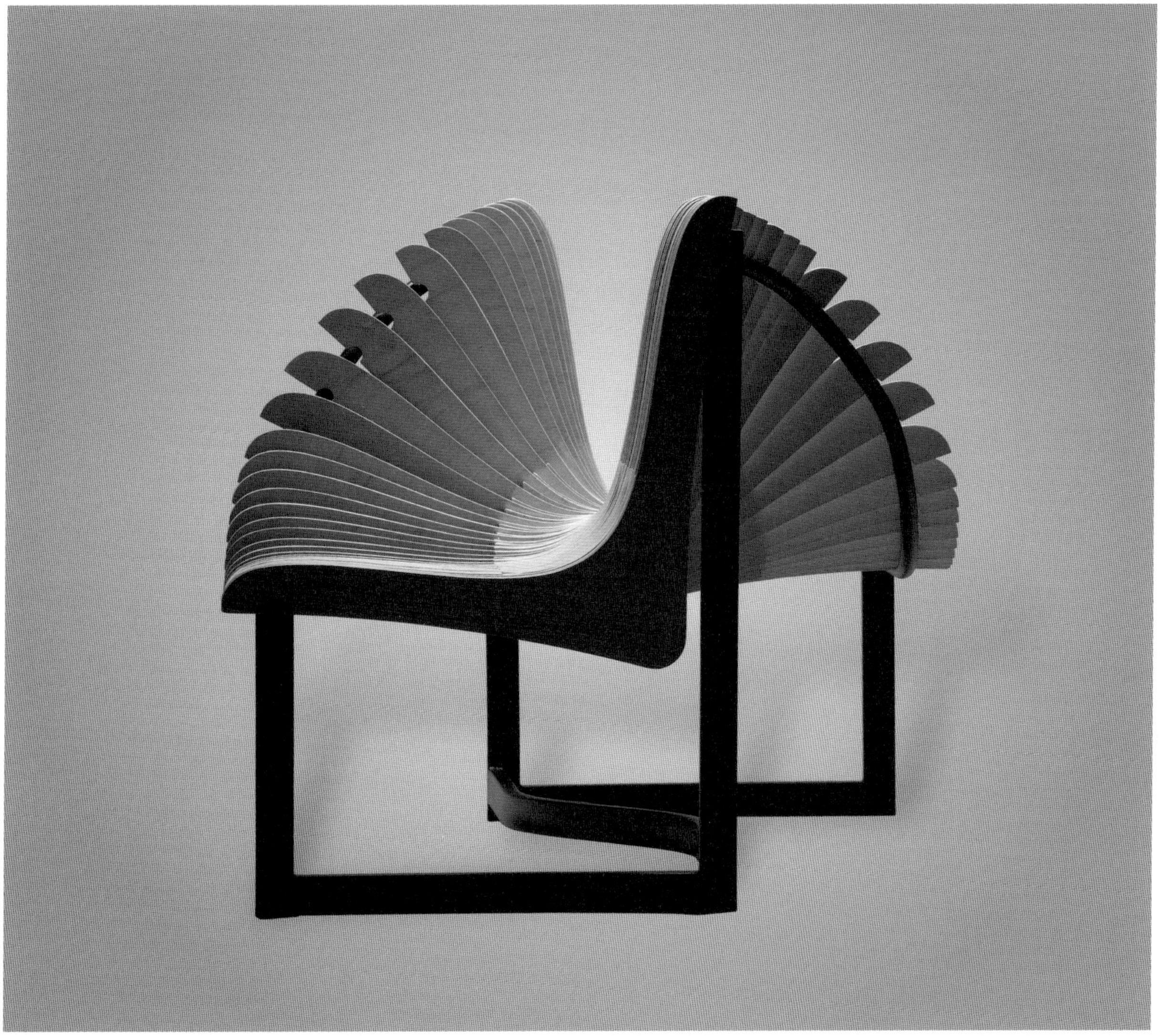

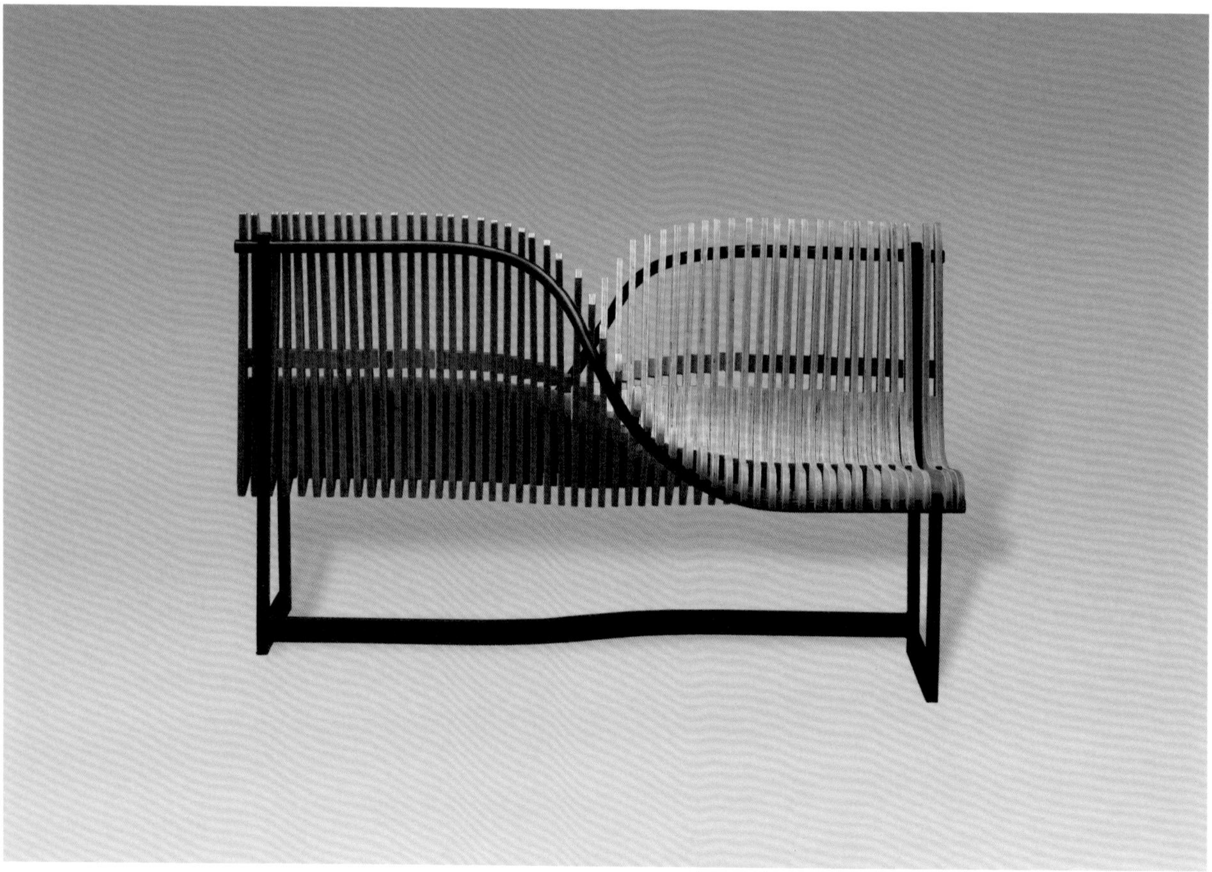

儿童椅

林志腾、黎敏静

白橡木、水性开放漆

386mm×475mm×1060mm

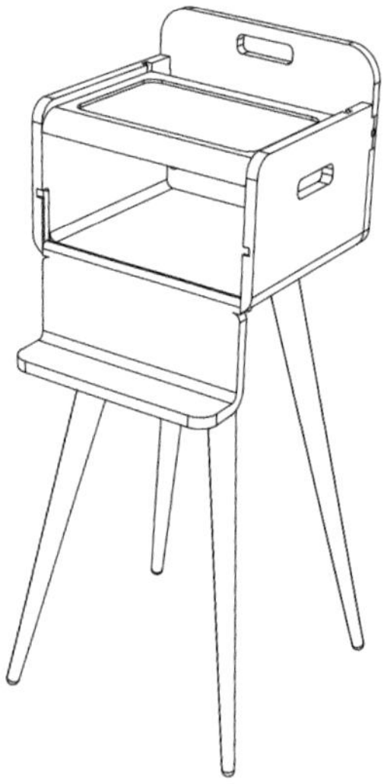

这是一件功能可转换的宝宝椅，孩子长大后也可作为一个小的储物柜，留住曾经的记忆。较高的细长腿为的是使儿童的视线和家长位于同一高度，方便家长照顾。但带来的问题是过高的凳腿，稳定性略差，如遇上好动性格的孩子，易发生侧翻，有一定安全隐患。

蔷薇心语

刘名、张艺馨

白橡木集成材、水性开放漆、织物软包

867mm×774mm×1355mm

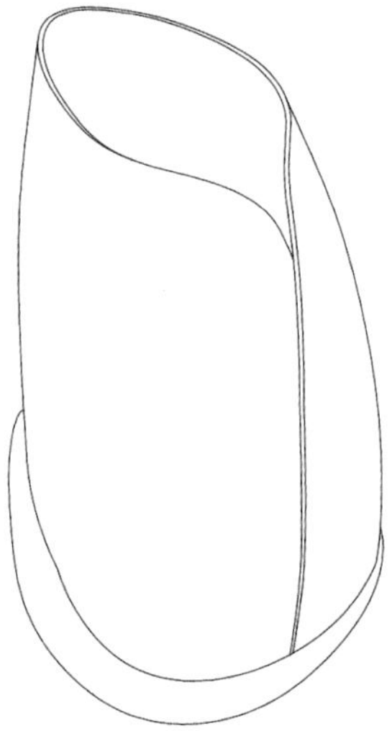

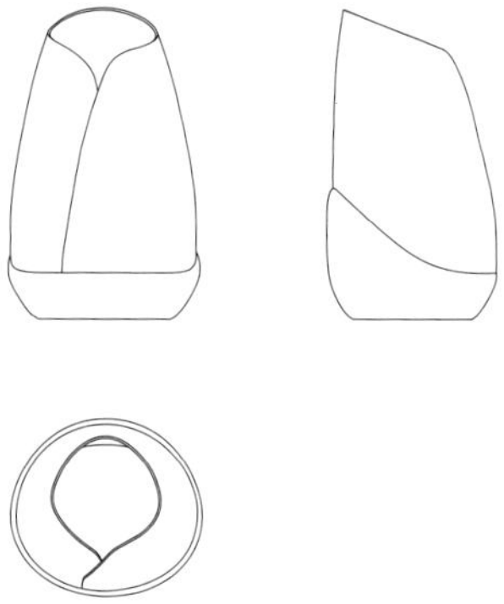

家具不但能够满足人们身体上的休息，同样也可给人带来心理上的庇护。这个设计便是一件能够满足人们两种状态的家具，软质靠背翻转放下形成领口效果可作为正常的沙发椅使用，立起来会形成一个封闭的小空间，适合独处，可为社恐人士提供隐私保护。一些细节设计不够到位，如底座过于笨重，有待改进。

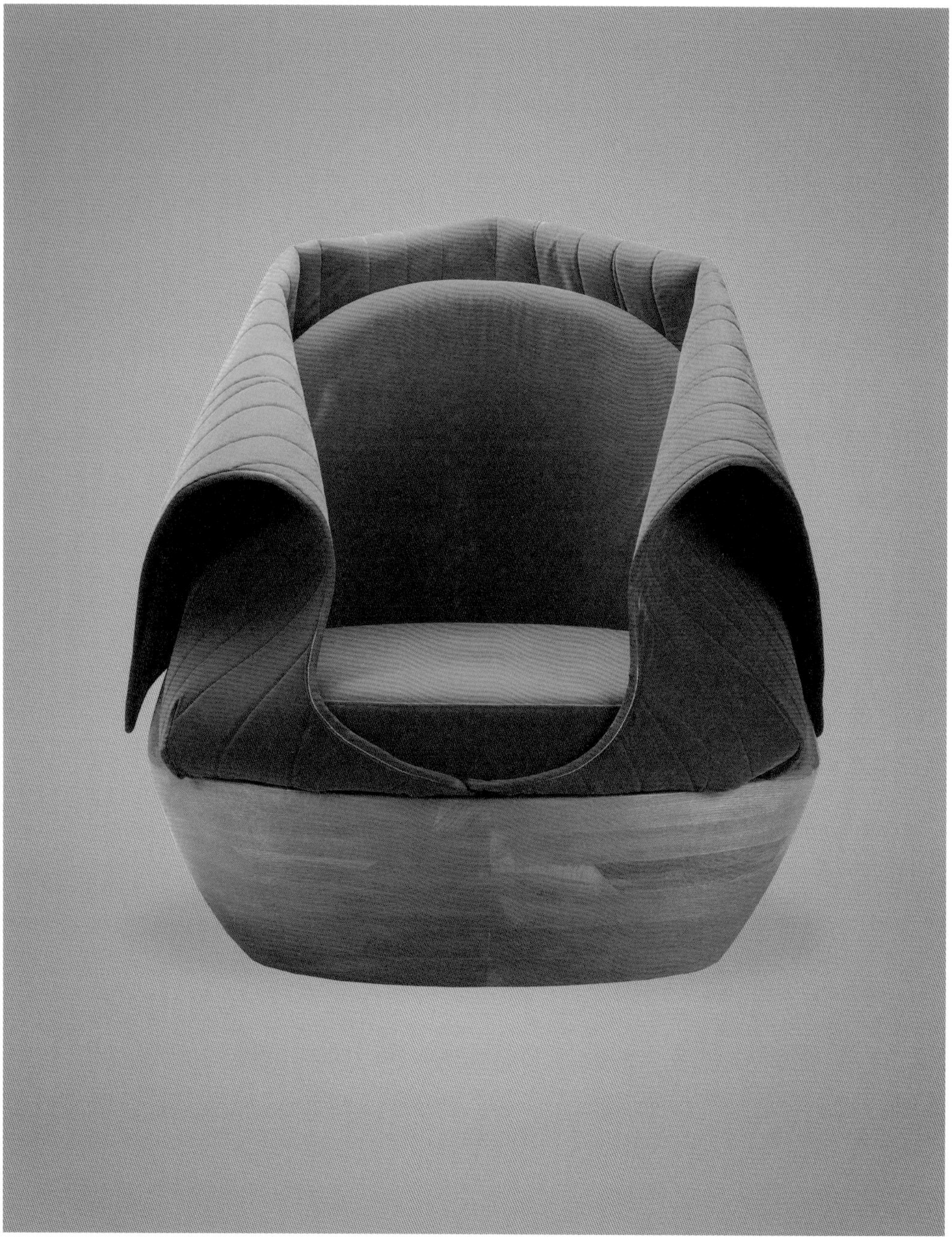

曲柄休闲椅

王孝琪、刘一君

黑胡桃木、水性开放漆、皮革软包

500mm×588mm×650mm

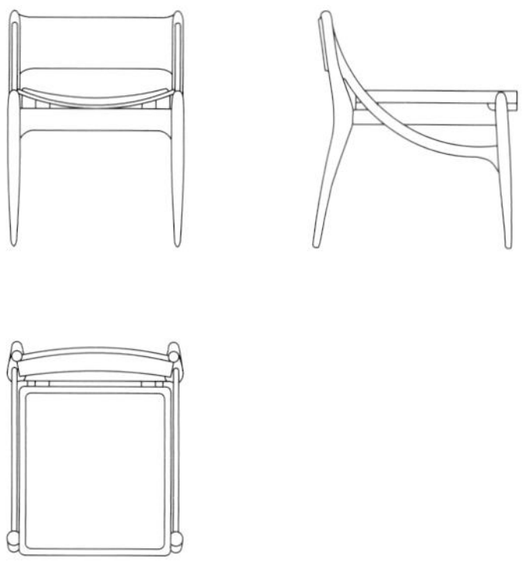

这是一件功能、形态上都比较成熟的作品，侧面支撑曲柄的设计也颇具特色，形成独特的视觉识别符号，材质运用较为恰当。但在靠背的角度和尺寸上有所不足，使用体验并不是十分理想。学生担心支撑强度不足，椅面下的承重结构用料有些过大。

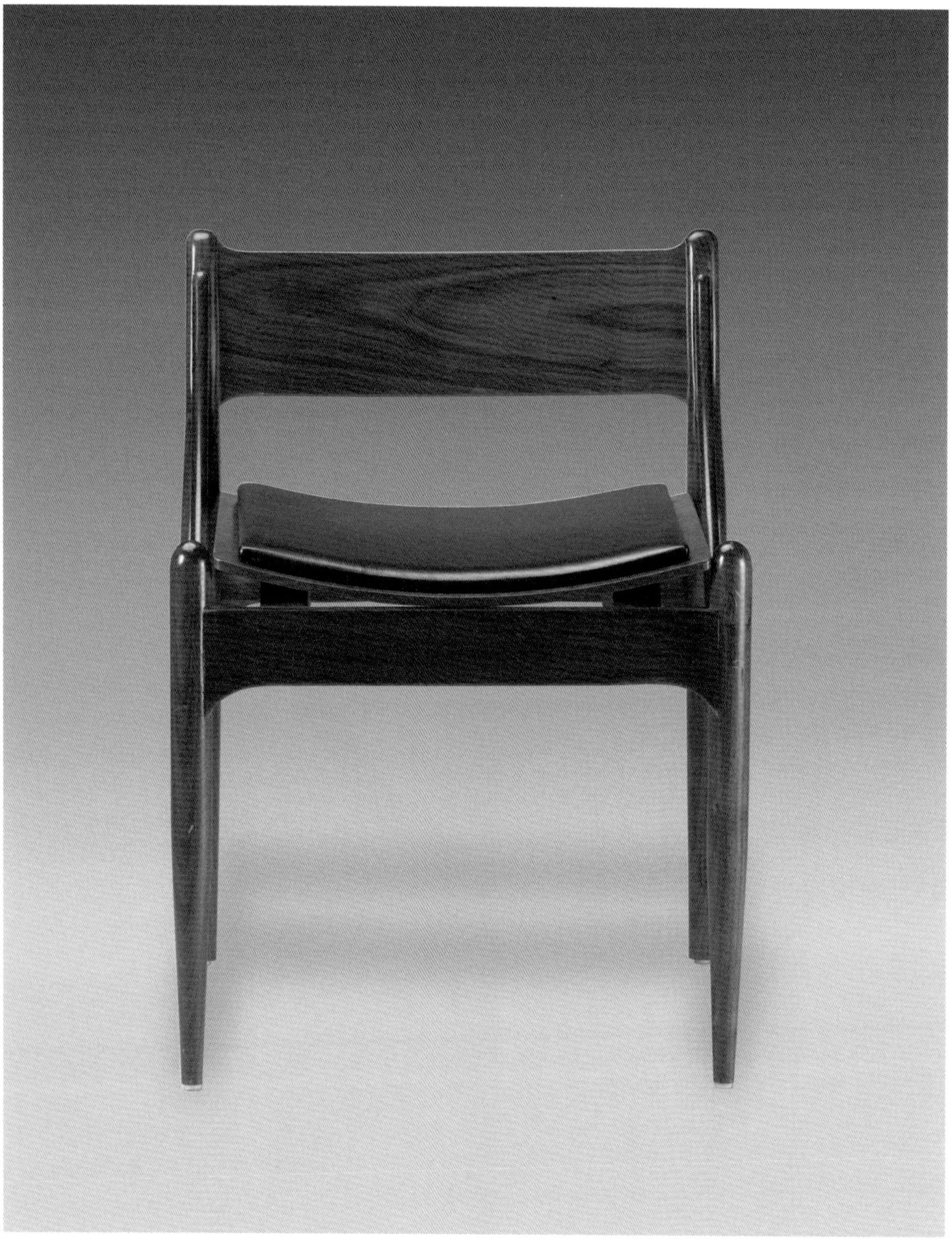

X椅

王雨薇、杨雨心

金属型材、织物软包

760mm×1020mm×920mm

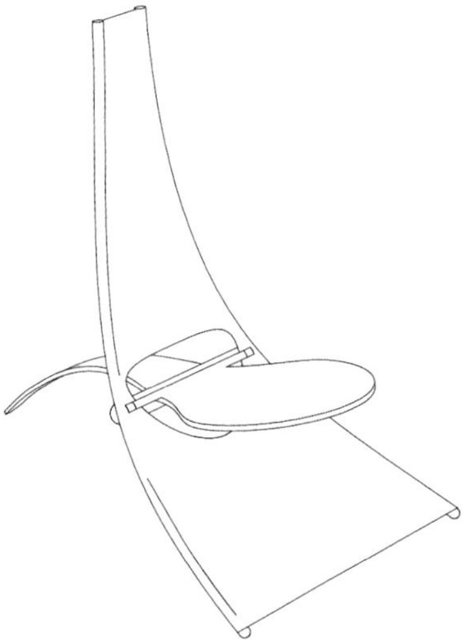

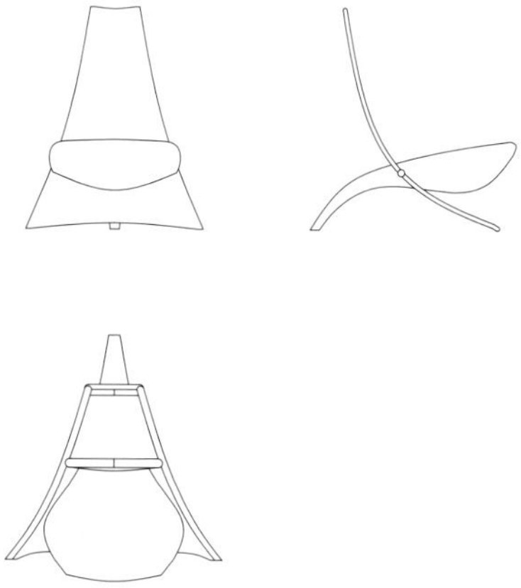

这件作品是通过两部分插接而成，结构逻辑清晰，“X”的结构形态简单纯粹。在椅面和靠背的连接上，为保证稳定性，学生最终放弃了可拆装的形式，选择了固定结构。为保证座面强度，内部用了金属板做支撑，这使得座椅整体过重，座面部分与椅背外包材料色彩区分如果有更多尝试，可能会使概念的表达更为清晰。

鲁班椅

王壮壮、张捃琪
白橡木、帆布
717mm×743mm×900mm

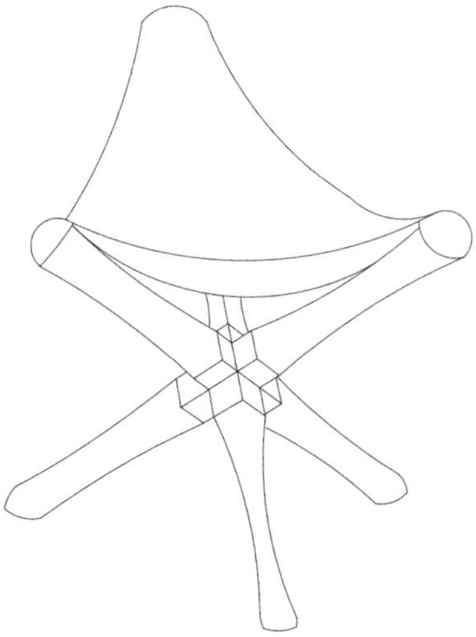

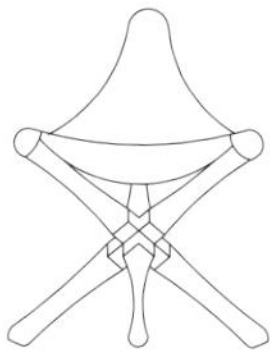

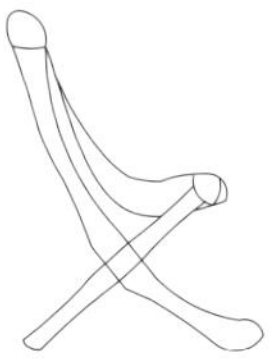

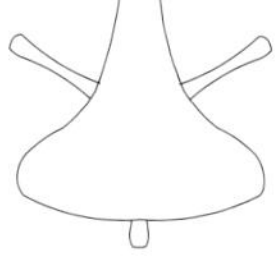

这是一件便于拆装运输的家具，支撑结构运用了鲁班锁的结构原理，三个木棒相辅相成，结构巧妙。由于经验不足，座面帆布选的弹性有些大，就座时脊柱会直接靠在后面中间的木柱上，影响体验，舒适性有待改进，不规则的木棒采用的是整根实木，有些过于消耗材料。

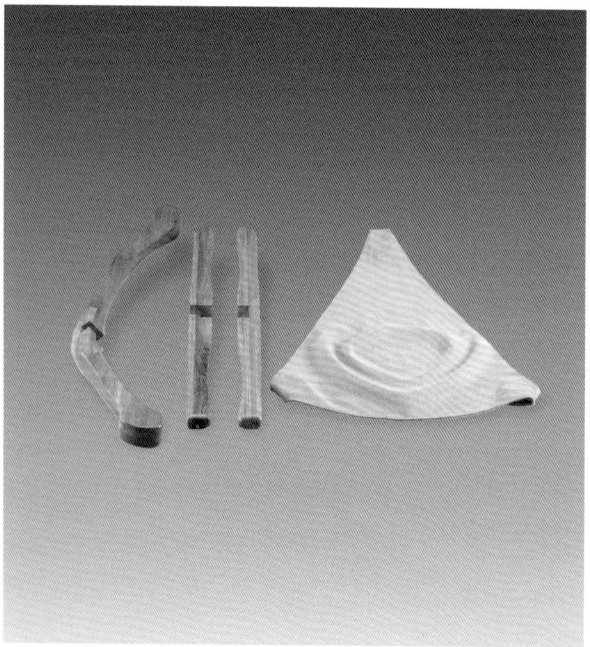

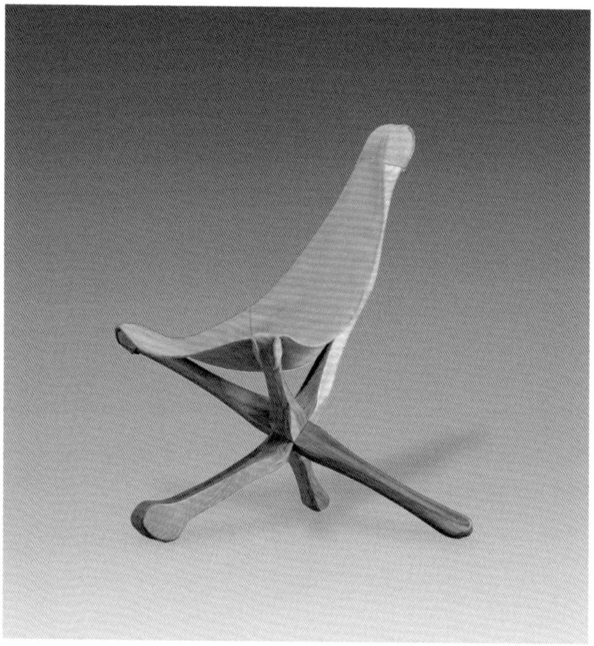

2017

实践学生：2014 级

指导教师：于 历 战

鲨鱼椅

漂浮凳

猫椅

依托椅

小船摇篮

转角抽屉柜

合壹

扶手椅

鲨鱼椅

杨文浩、李嘉艺

木夹板贴皮、水性开放漆、织物软包

800mm×1200mm×1200mm

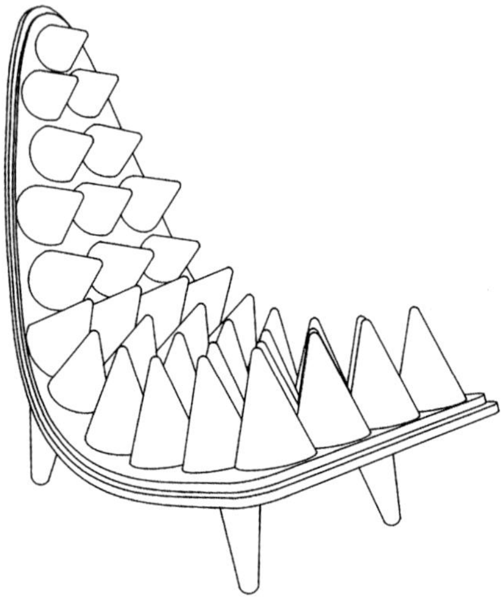

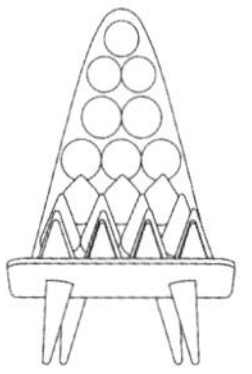

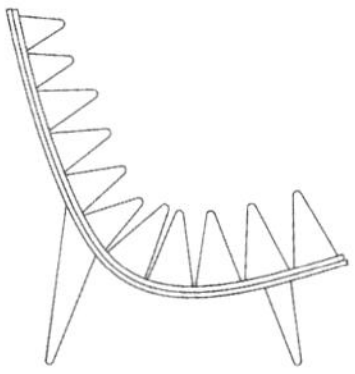

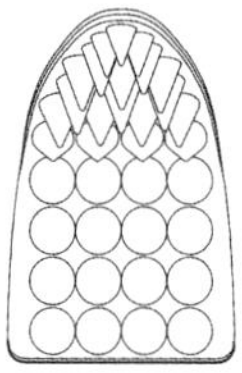

坐具设计的出发点可以是舒适性、功能性、材料特性、造型等，也可以是趣味性等，这件作品所追求的便是造型的趣味性。在制作之初，座身板面尺度过于庞大，在制作过程中进行了及时调整。软包布面的圆锥因手工制作的原因，在造型上还不够规矩与尖锐，但作品传递出的视觉上刺的坚硬与实际体验中海绵的柔软形成对比，是一种很具想象力的想法，也能吸引人们很想坐上去体验一下。

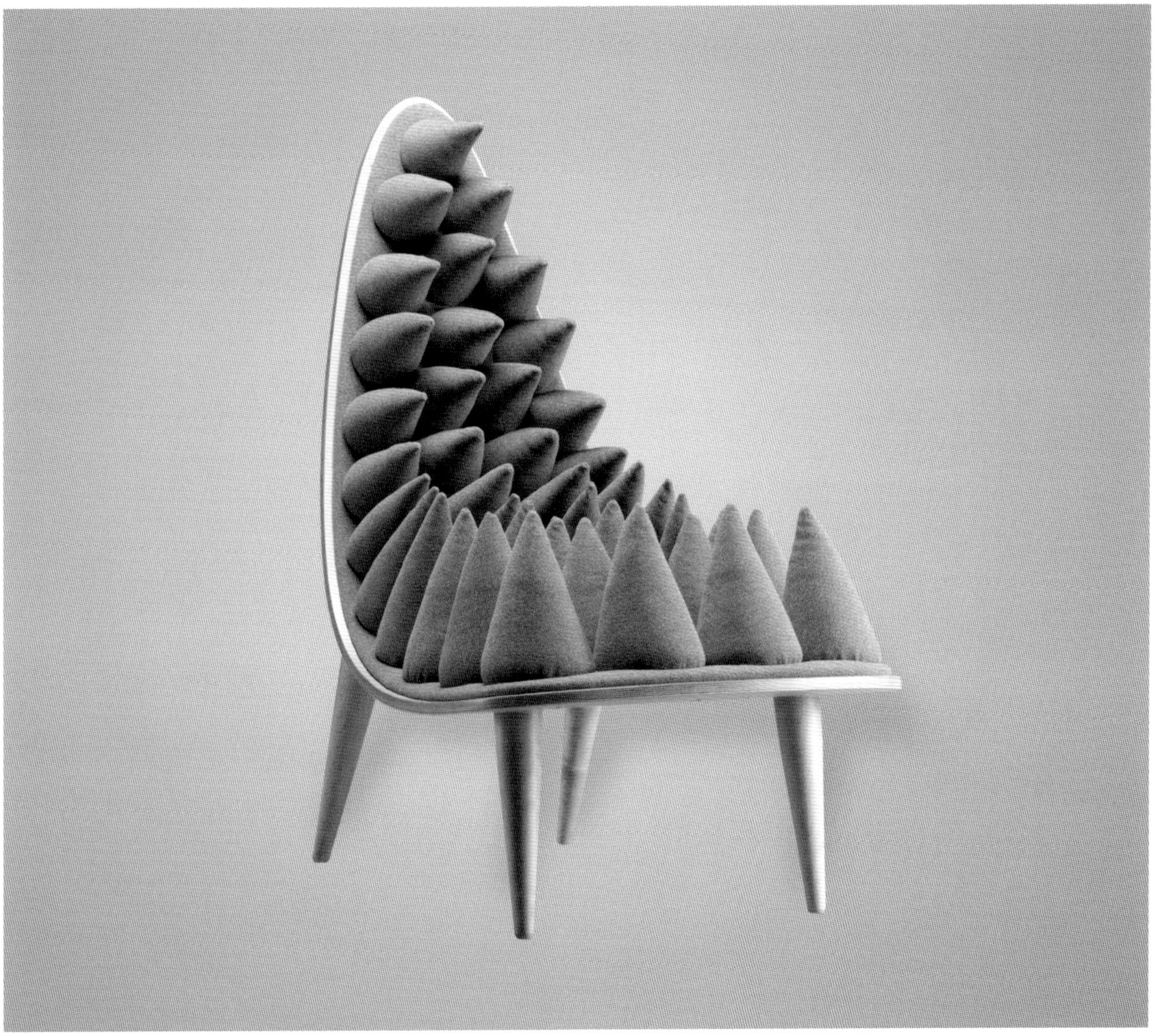

漂浮凳

李鹏飞、王维东

白橡木实木、水性开放漆、钢丝、金属卡件

584mm×575mm×795mm

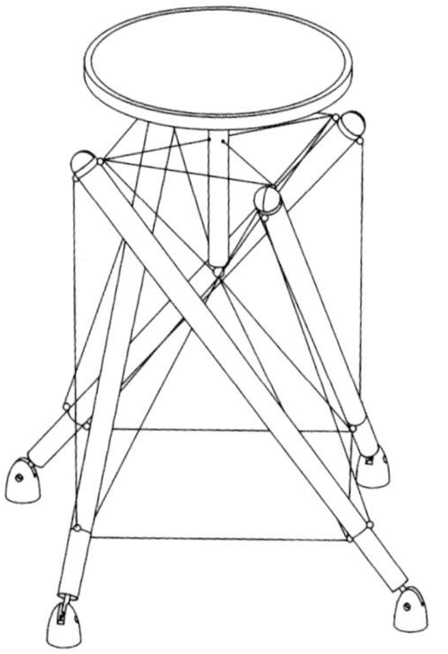

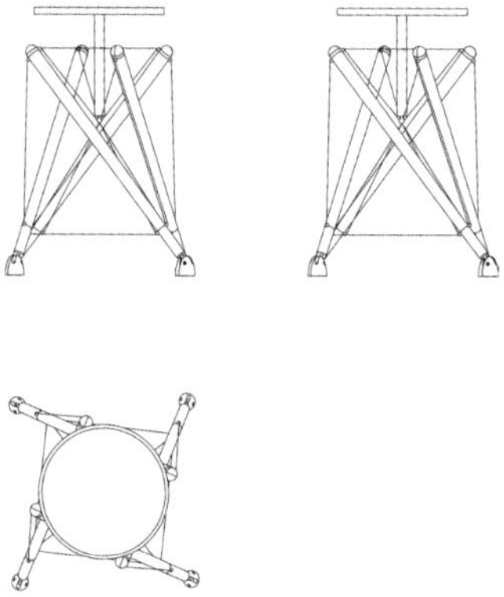

挑战传统座椅中结构部件间的连接关系，抵抗重力，制造悬浮是设计者追求的设计概念，新颖有趣。利用钢丝与若干螺栓配件将四条腿与座面形成相互稳定的结构，但没有一件是相互硬连接在一起，在视觉上产生了奇异的漂浮之感。缺点是座椅高度略高，座面略小，在实际使用时不易入座，钢丝连接的部件之间稳定性还需进一步研究，目前承重能力有限，是一把偏概念性的设计作品。

猫椅

李婉莹、李鑫

木质多层板、白色开放漆

747mm×555mm×656mm

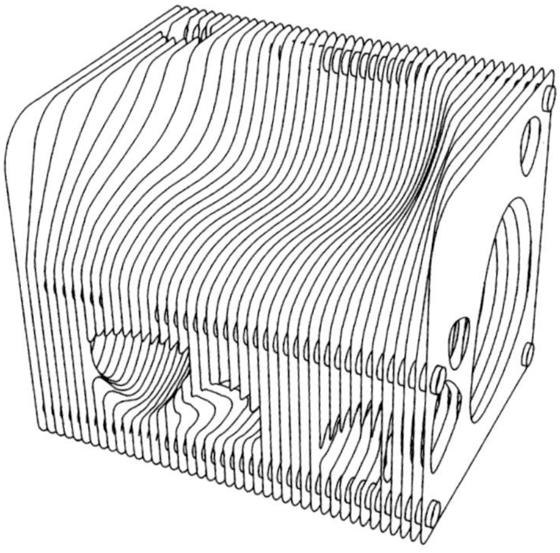

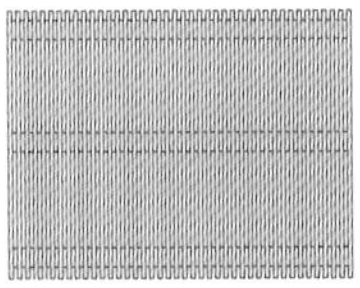

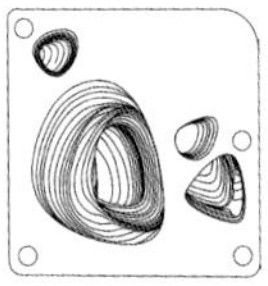

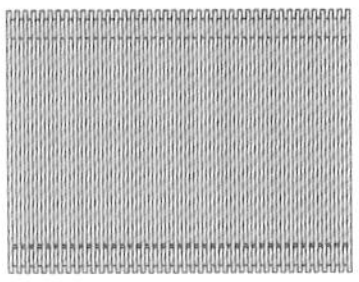

数字技术的应用可以使很多传统家具中不可能出现的形态轻松得以实现。利用电脑辅助设计的优势，此作品由若干片数字切割而成的密度板组合而成，形成富有变化和韵律感的形态。作品中的孔洞互相连接，可以容纳猫咪在其中穿行，设计者想表达人与宠物和谐相处的状态。缺点是作品稍显沉重，搬运移动比较费力。

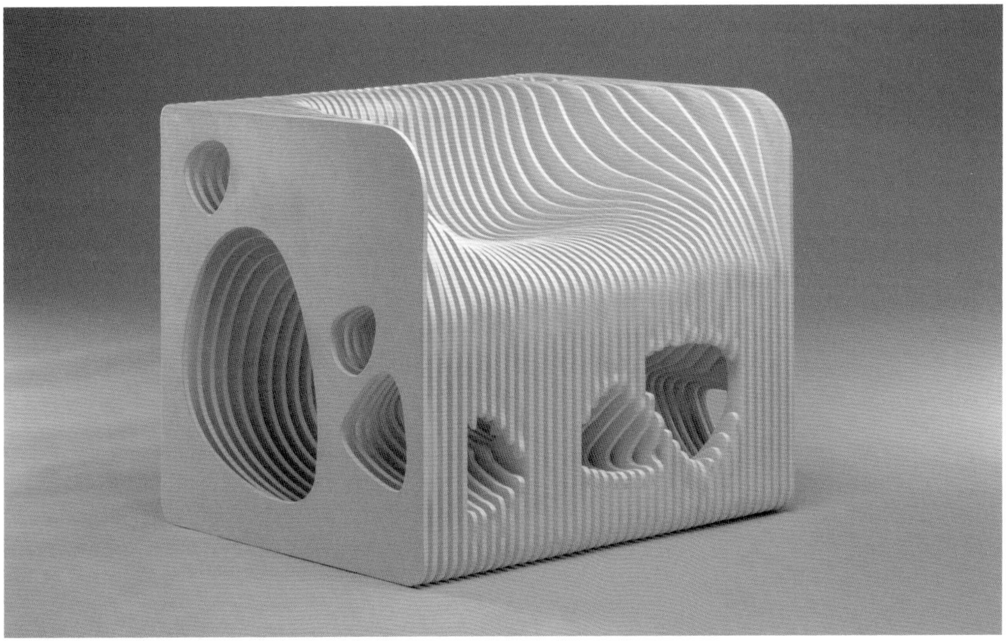

依托椅

孙玮苓、刘思璐

实木框架、水性开放漆、天然皮革

860mm×700mm×742mm

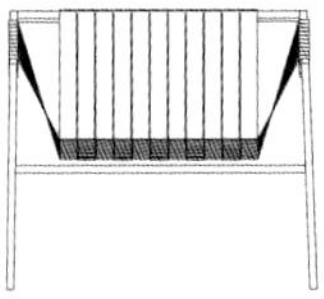

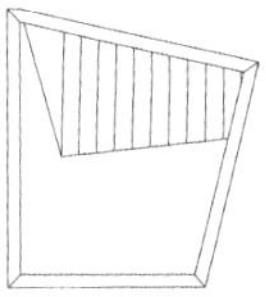

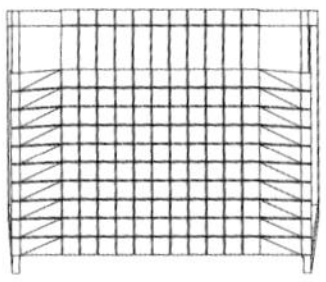

此设计试图研究柔软的悬吊结构带给人的不同体验。作品采用框架支撑结构结合皮质座面，座面部分还进行了透气孔的裁切，在使用上能够给人提供更加舒适的座感。但作品使用的框架较细，结构的稳定性稍弱，皮质座身也不够舒展，整体形态需要进一步推敲。

小船摇篮

方伊水、张燕

中密度纤维板、白色开放漆、织物软包

900mm×465mm×250mm

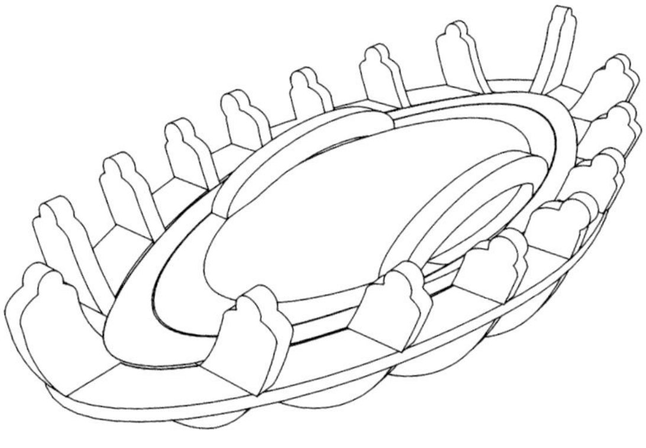

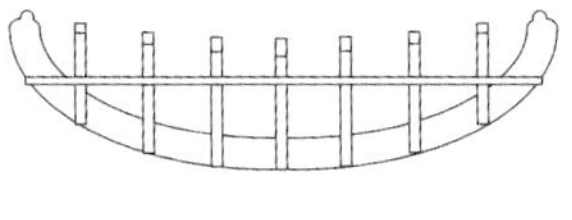

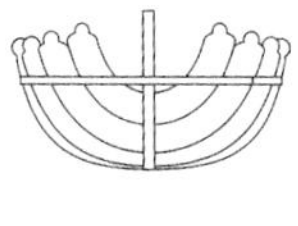

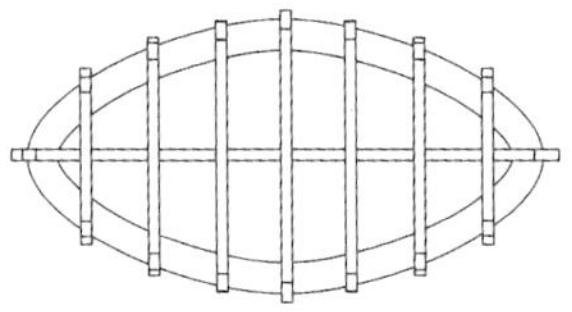

这是一件为婴儿设计的摇篮，是通过密度板数控切割组合而成。经验不足的原因使得实际尺度过小，更重要的是摇篮底部在设计之初弧度和重心控制得不好，真正使用起来有可能造成倾翻，出现危险。

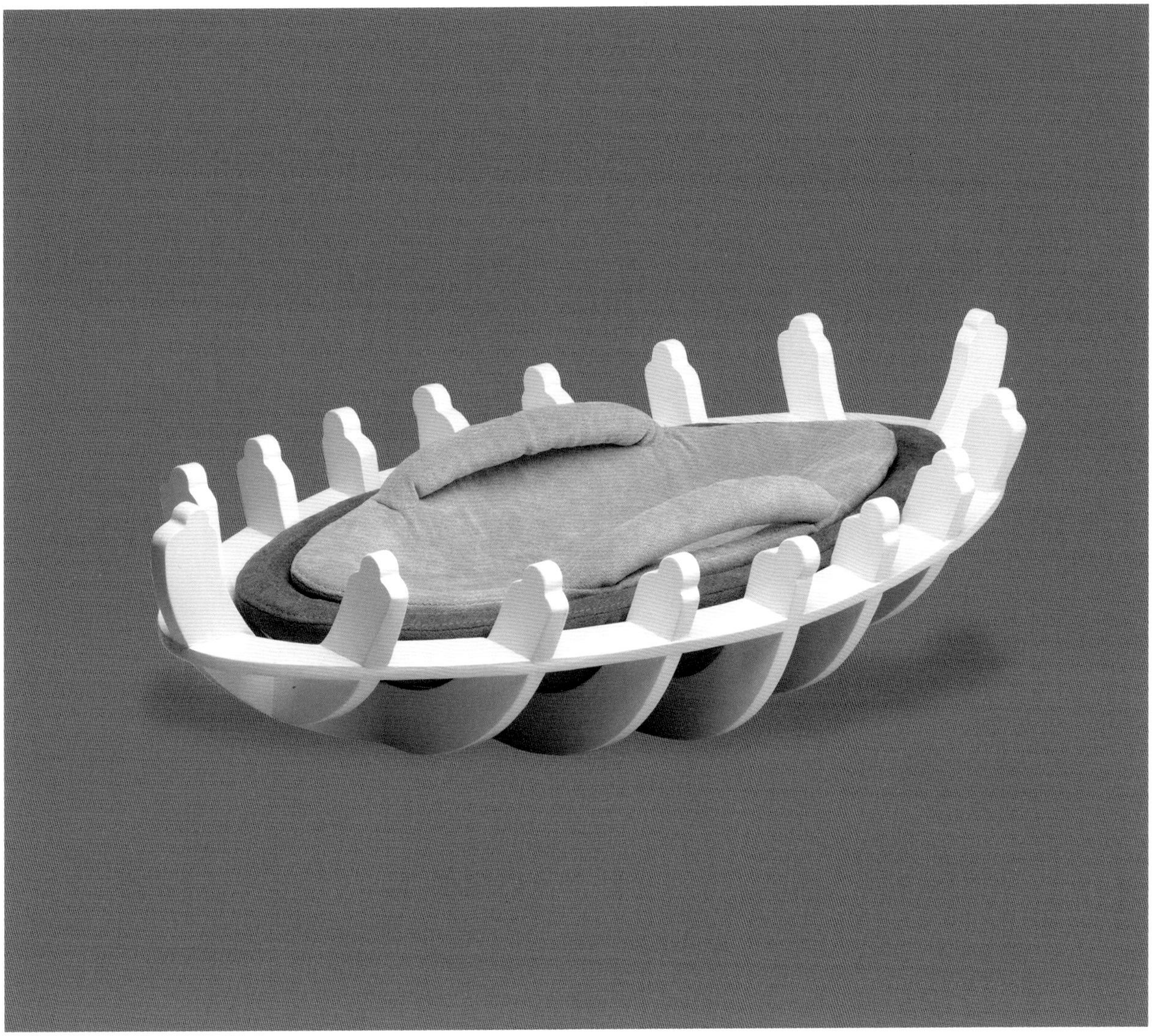

转角抽屉柜

梁雨晨、郑迪文

多层板贴木皮、水性开放漆

1200mm×400mm×960mm

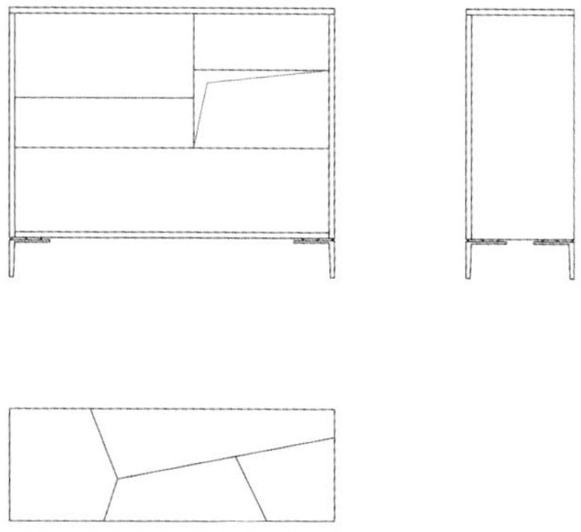

通常柜子的抽屉面板均是垂直的，这个作品偏要打破常规，将抽屉面板设计得朝向不同方向，于是形成奇特的效果。不同方向的受力方向也不相同，又不想加装拉手，开启时的实际体验并不是很好。柜体整体尺度过大，抽屉的分隔空间也没有进行仔细的推敲，实用性较差，如果将面板缩小尺度可能会带来不同的体验。

合壹

左思扬、郑啟劲
木夹板黑胡桃、白枫木木皮、水性开放漆
高凳 390mm×436mm×830mm
椅子 360mm×585mm×810mm

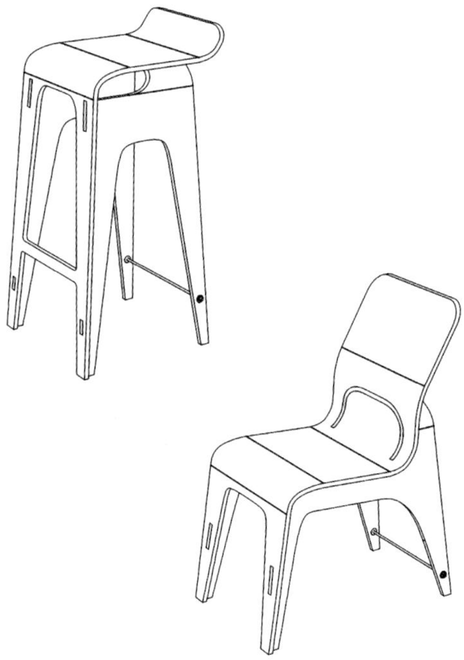

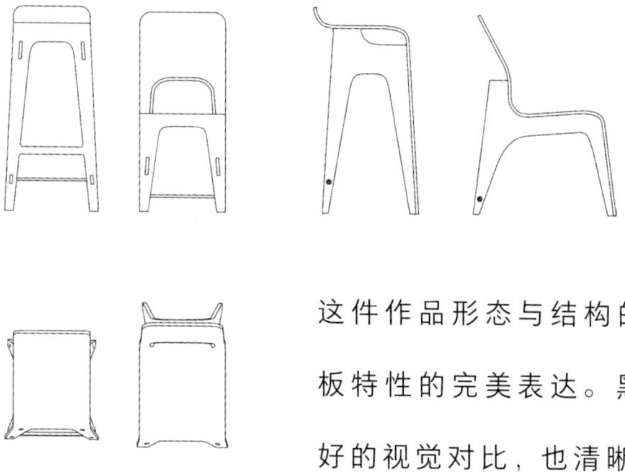

这件作品形态与结构的结合很巧妙，同时也是传统榫卯的现代应用，曲板特性的完美表达。黑胡桃木皮的座身与白枫木皮的支撑结构形成了很好的视觉对比，也清晰地展示了作品的结构关系。该作品的实用性较强，结构逻辑清晰，虽是高低两款，但座身部分共用同一款模具，节约了制作成本。缺点是座面和支撑结构两块曲板插接处露出的榫卯部分加工难度较大，对工艺技术要求较高，如果量产存在一定的难度。

扶手椅

徐堂浩、王吉

白橡木实木、水性开放漆、织物软包

696mm×886mm×737mm

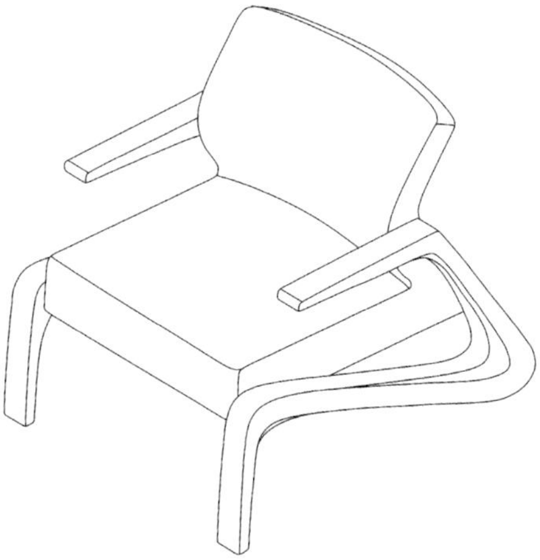

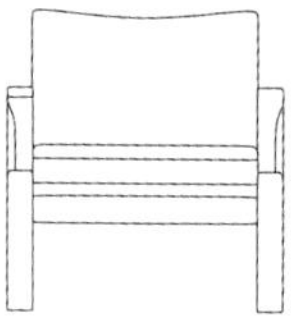

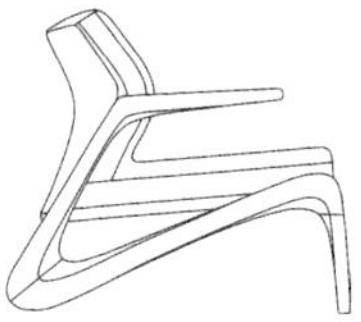

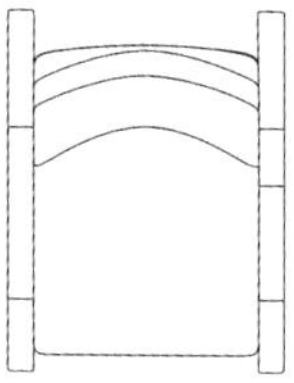

这件作品是本届学生作品中实用性最强的一件，不论是从结构强度、舒适度、比例关系、还是造型上，都有量产的潜质。学生从汽车造型的流线上汲取灵感设计了椅子的外观形态，细部棱角的处理使作品具有速度和力量的美感，实木的用料也使得其具有良好的使用品质，是一件比较成熟的设计作品。

2018

实践学生：2015级

指导教师：于历战

弧形沙发

叶片摇椅

置物架

双曲板

秋千椅

衣架排骨椅

梅杜萨椅

红毛丹椅

弧形沙发

薛雅芸、谭玉霞、张子薇

木夹板、织物软包

休闲椅 500mm×500mm×950mm

脚踏 500mm×500mm×472mm

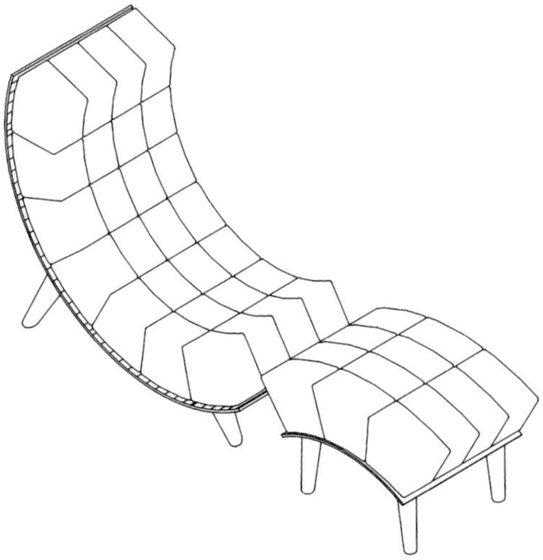

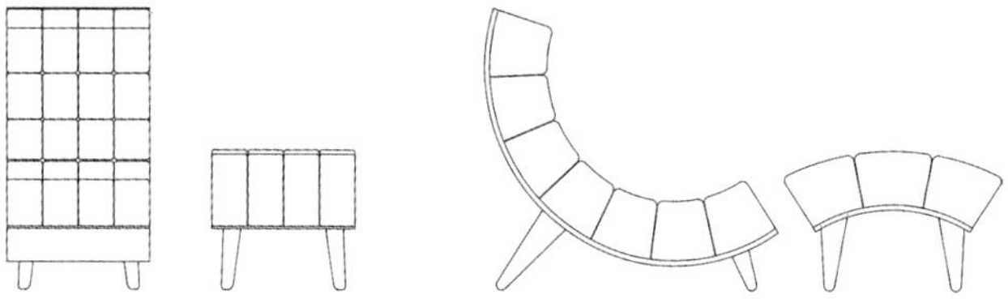

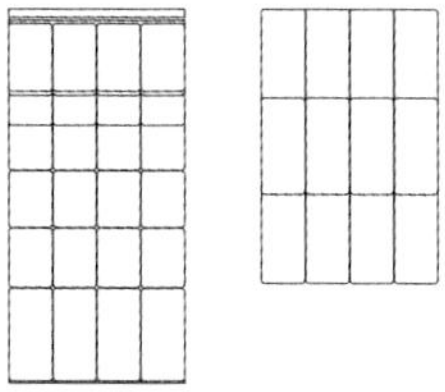

这件家具的形式较为常见，块状软包加流畅的弧线，使家具看起来简洁但不单调。尺度推敲的较为合适，坐感还算舒适，只是整体偏低，更适合年轻人使用。家具实物的完成极大地激发了学生的学习热情和自信心，这也是家具实践环节最大的作用。

叶片摇椅

顾紫薇、钱瑾瑜

多层板、白橡木贴皮、水性开放漆

513mm×1420mm×827mm

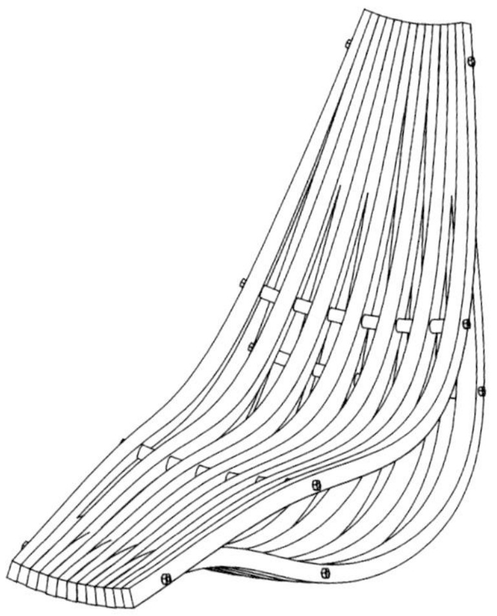

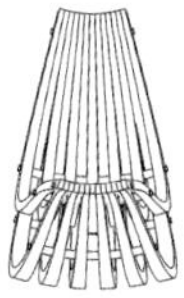

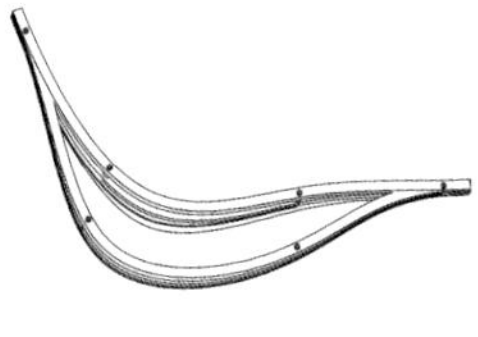

这件家具类似的形式很常见，摇椅类家具的关键是与地面接触的弧度与整体重心的把握。但这件作品此方面的推敲明显不够，上下两个弧线仅是视觉上的舒适，功能和重心没能很好地配合，人坐上后会滑向前方，根本无法摇动起来。

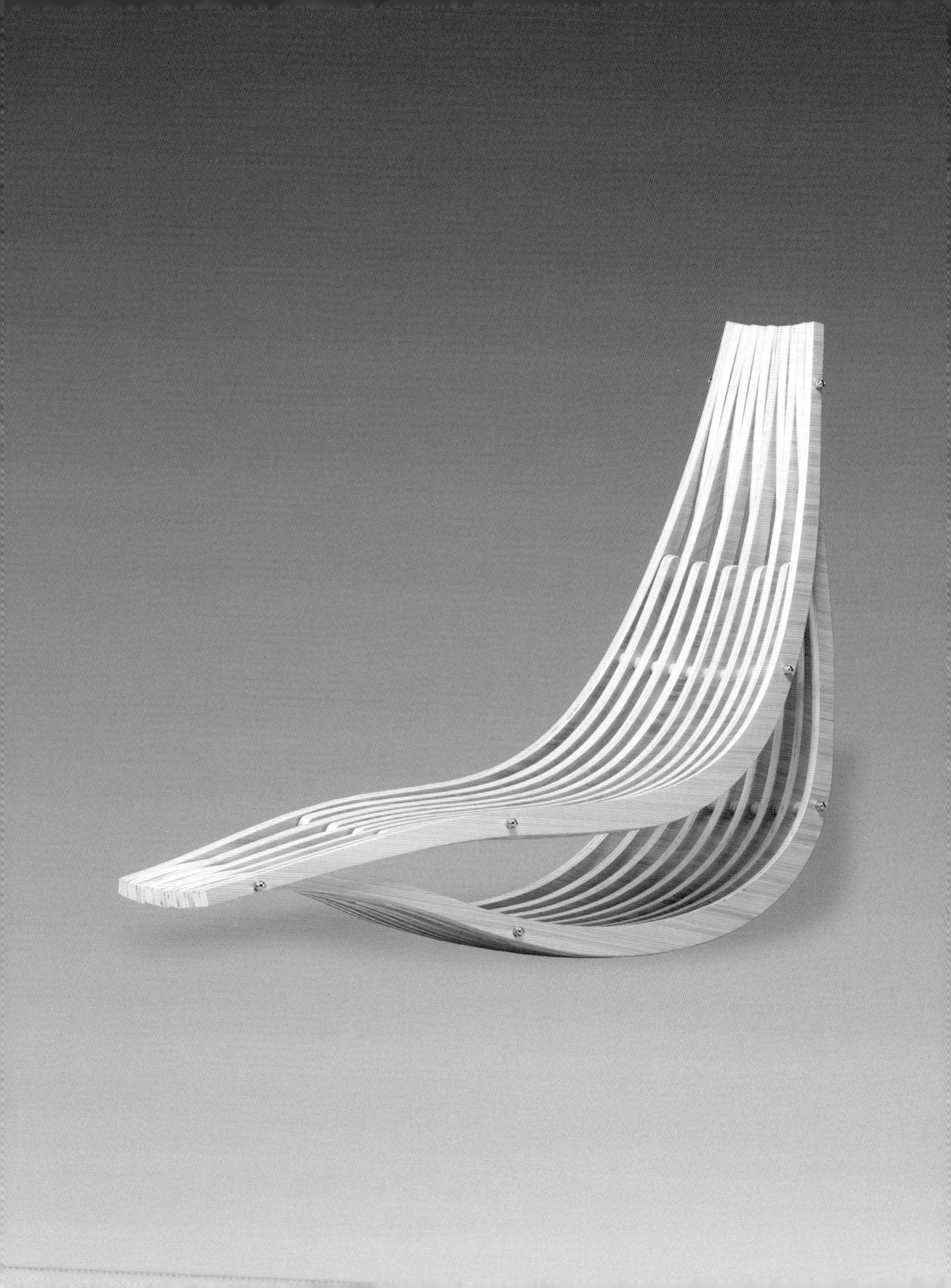

置物架

罗柳笛、高斯宇

白橡木、水性开放漆

690mm×540mm×1863mm

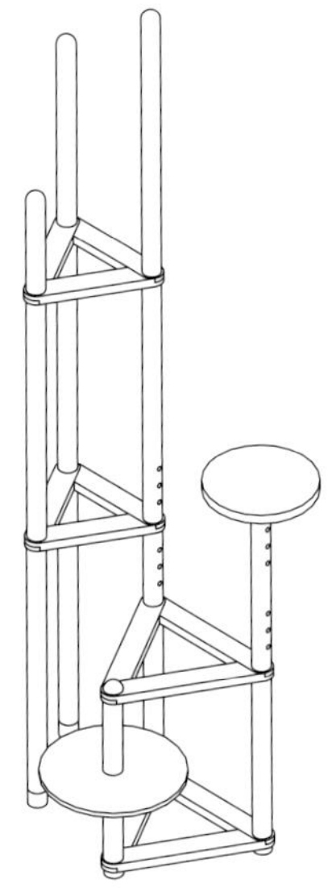

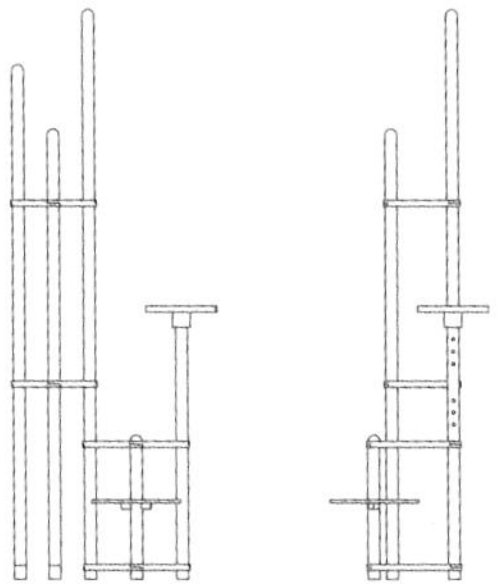

这件作品是学生为自己宿舍置物装饰而设计，结构形式简单清晰，功能明确，也比较实用。设计中，学生希望包括立柱在内的各个部件全部可以拆开，方便电商物流。也正因为如此，结构强度受到一些影响，整体的稳定性并不是非常好。

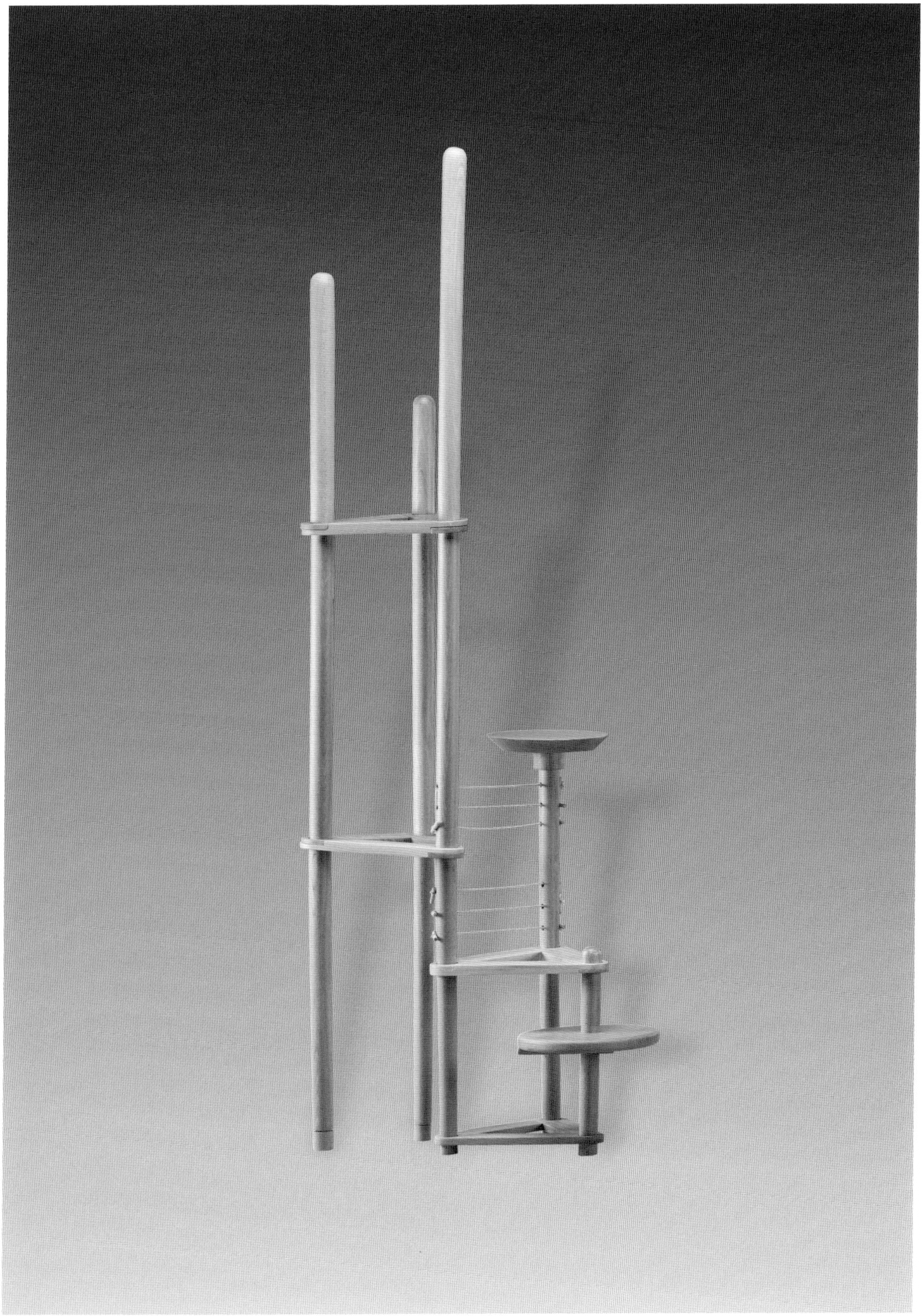

双曲板

金智源（韩）、方凑英（韩）

多层板、白枫木木皮、黑胡桃木皮、水性开放漆

440mm×582mm×687mm

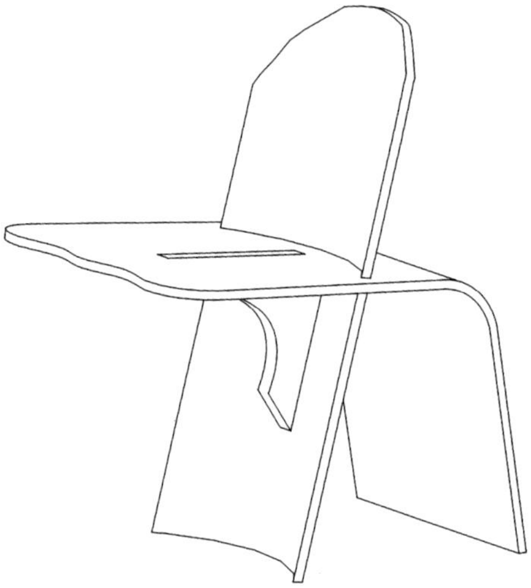

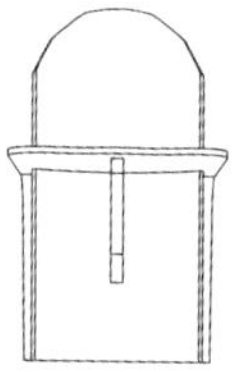

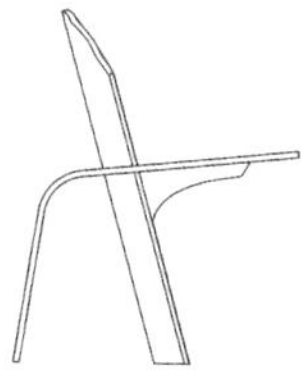

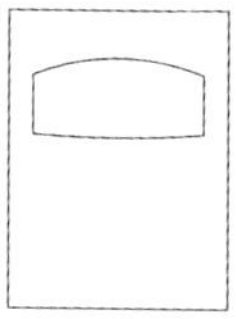

这款家具是由两片曲板穿插形成受力结构，为了结构稳定，座面下部又加上了辅助支撑。由于靠背倾斜角度的限制，斜立板下部的支撑不能过于靠前，使得座椅整体重心不稳定，就座时容易向前倾倒，是为形式牺牲功能的典型代表。

秋千椅

朱夏颖（韩）、王晓雯（印尼）
白橡木实木、木夹板、水性开放漆、织物软包
620mm×650mm×700mm

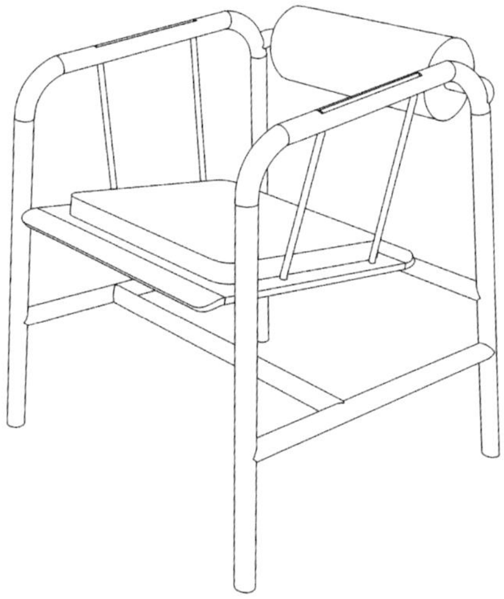

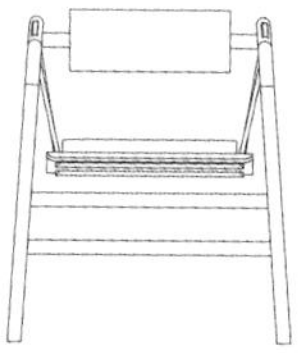

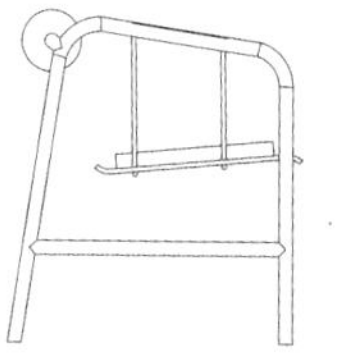

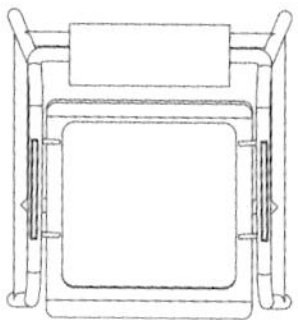

达成新奇独特的效果几乎成为设计者的本能，对于学设计的学生更是如此。一件坐具的稳定性偏偏要将其颠覆，儿时对于秋千的体验一直挥之不去，在进行家具设计时终于得以实现。学生称就是要追求小时候坐在秋千上摇摆的感觉，对于习惯座椅稳定性的人们来说，这件家具的体验还是蛮新奇的。

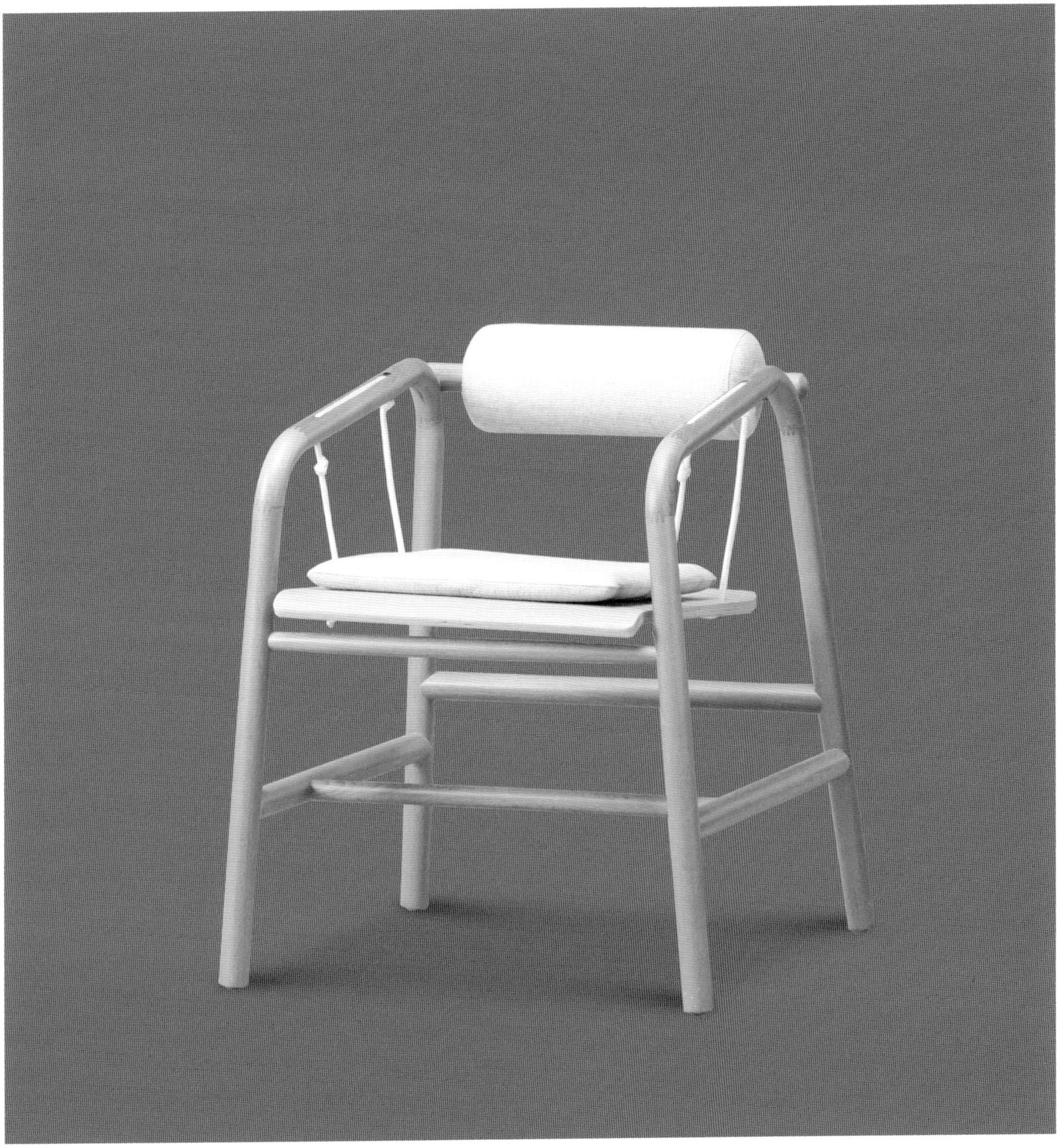

衣架排骨椅

张振勇、刘馨煜

白橡木实木、木质衣架实物、水性开放漆

463mm×1160mm×785mm

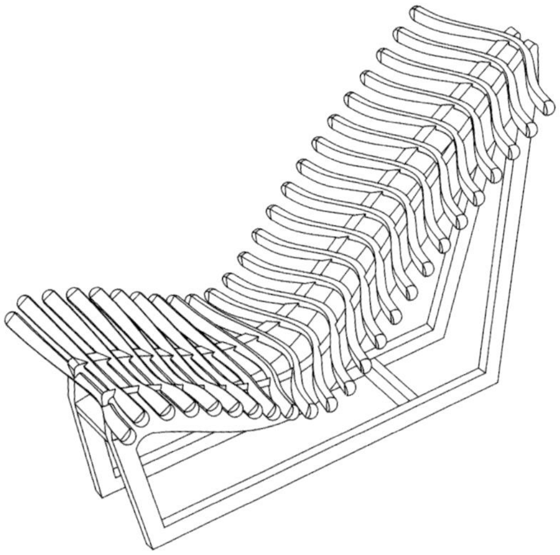

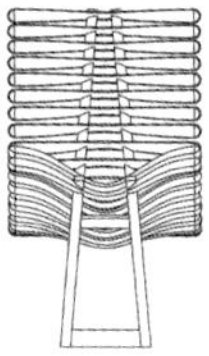

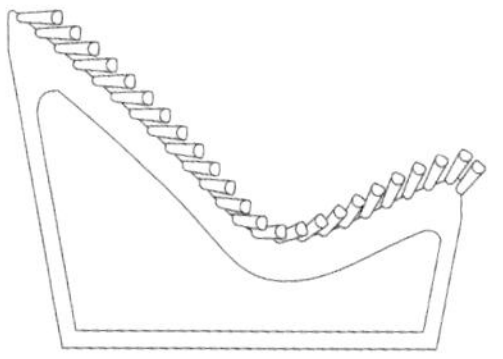

借用现成物进行家具设计的有很多，即使是衣架也有相关尝试。学生们经过自己的作品发现其实用效果并不理想，衣架下部朝上形成座椅的靠背和座面，但其打开的角度过小，并不适合人体，因此体验并不是太好。

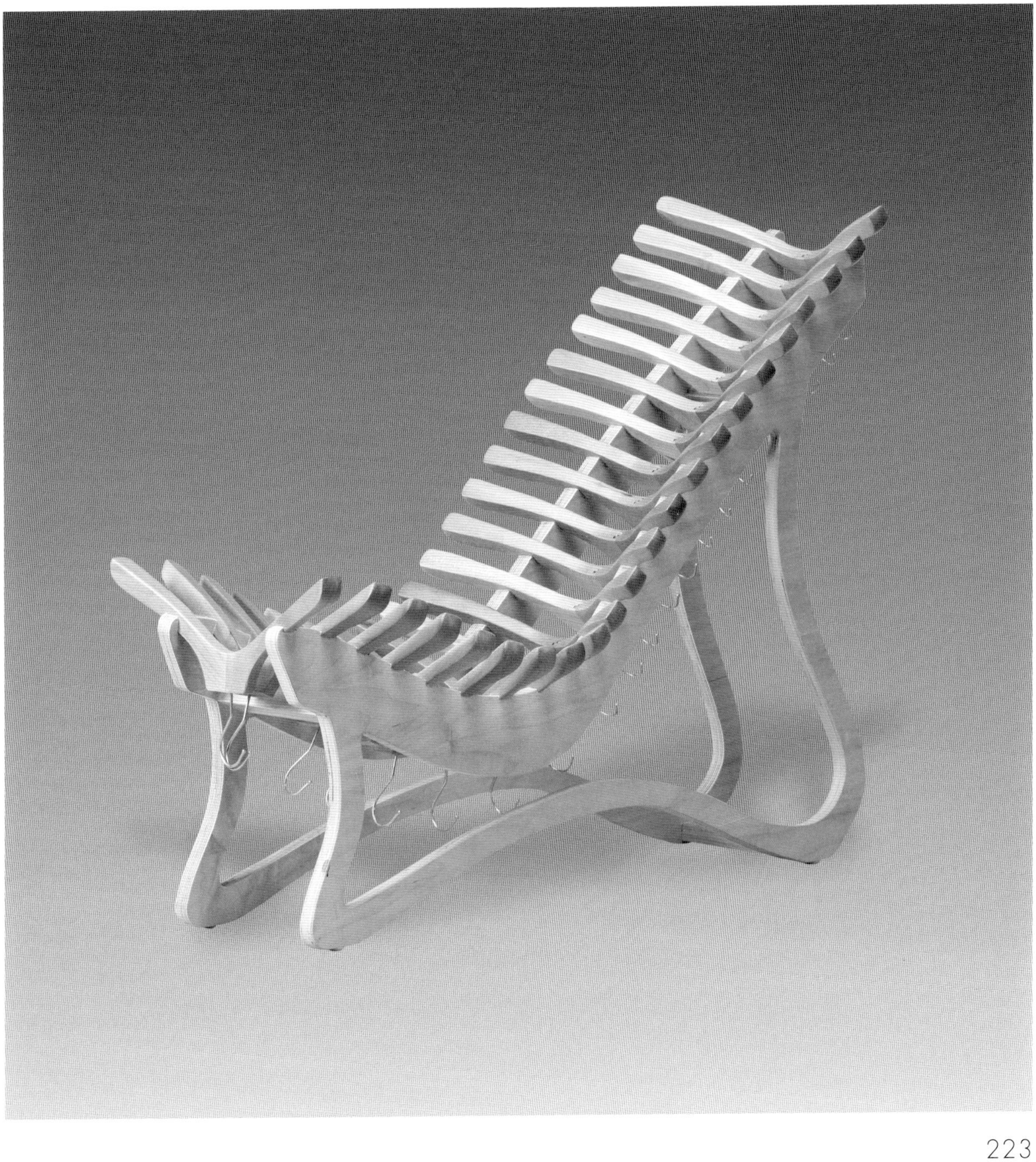

梅杜萨椅

刘妍言、余佩霜

白橡木、水性开放漆、织物软包

685mm×615mm×510mm

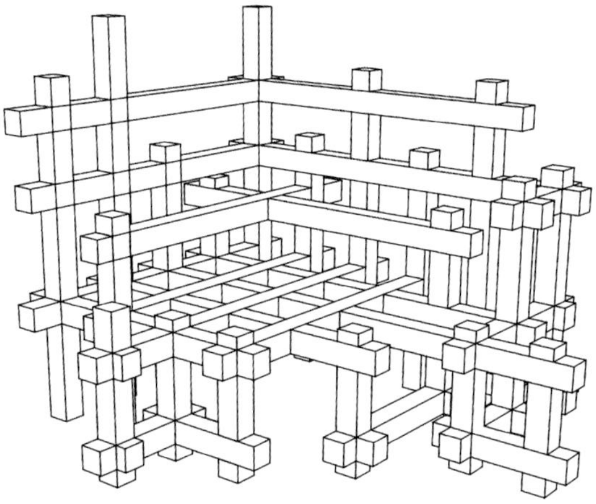

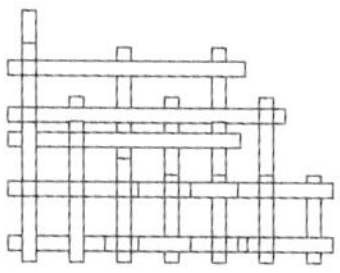

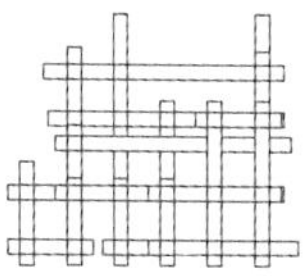

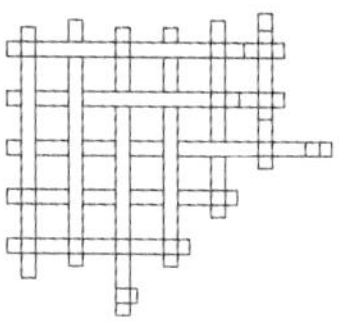

这款家具设计应用的是较为常见的概念，即密集的支撑结构上缠绕不同形式的软包。此作品独特的地方在于木质骨架部分，学生运用了鲁班锁的结构原理，众多木质部件拼装在一起，也可全部拆散。但由于部件繁多、细碎，组装较为困难，几乎成为考验智力的游戏。

红毛丹椅

郭轩妤、向欢

多层板、白橡木贴木皮、水性开放漆

763mm×539mm×734mm

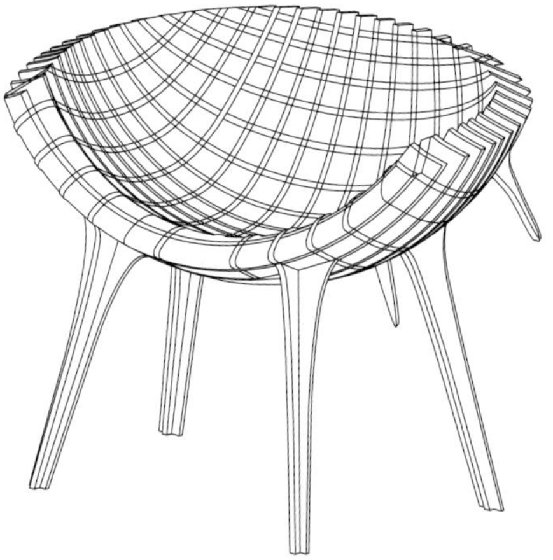

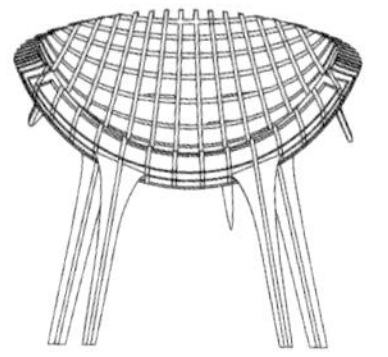

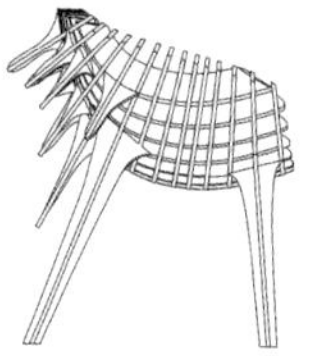

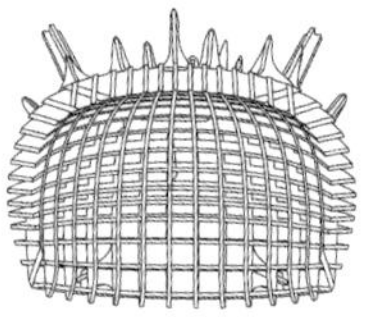

这是一件具有隐喻内容的概念设计，贴合人体一侧规则、光滑、舒适，而背后则有很多凸起的芒刺，尖锐、充满敌意，暗示着人性的两面和残酷的社会现实。结构上还有不合理的地方，由于是向内的三维曲面造型，部件拼装穿插很困难，时间原因使制作也过于粗糙。

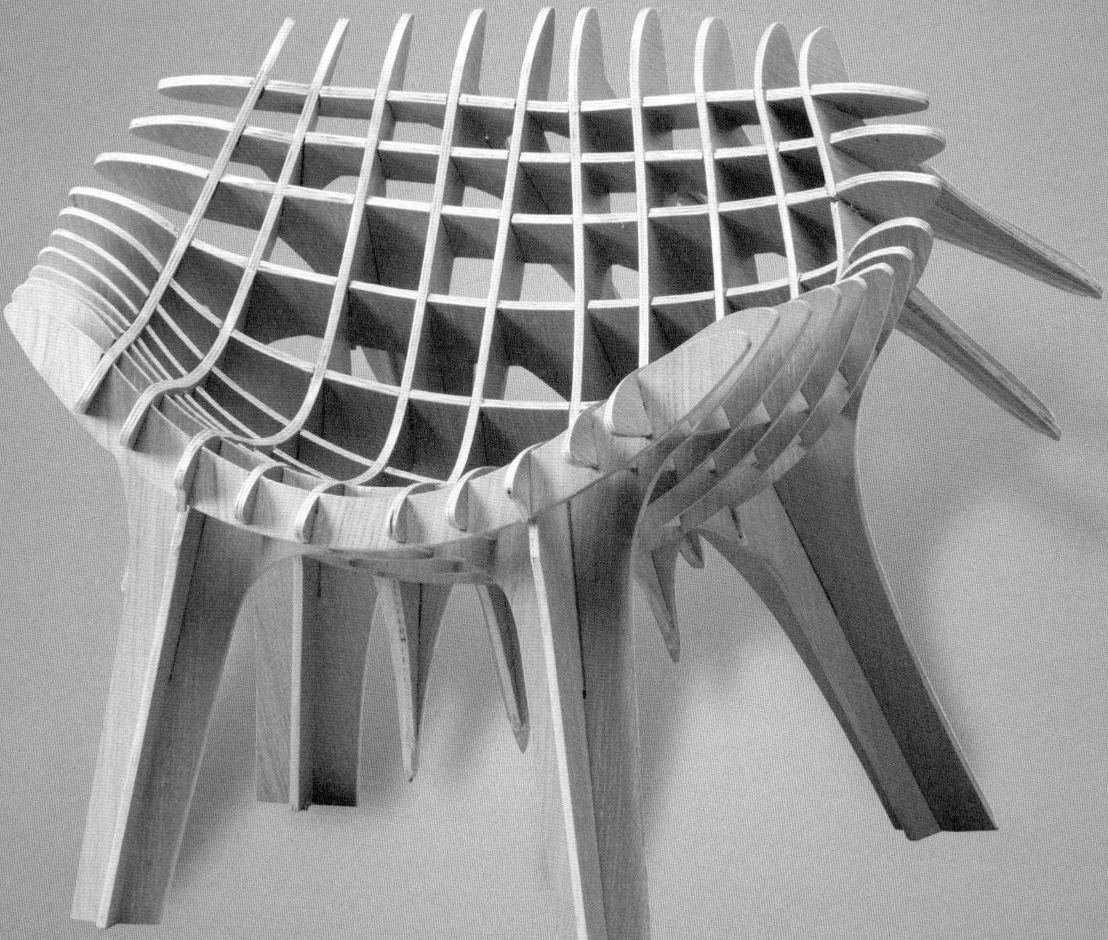

2018 年 / 2015 级　清华大学美术学院本科家具设计实践教学

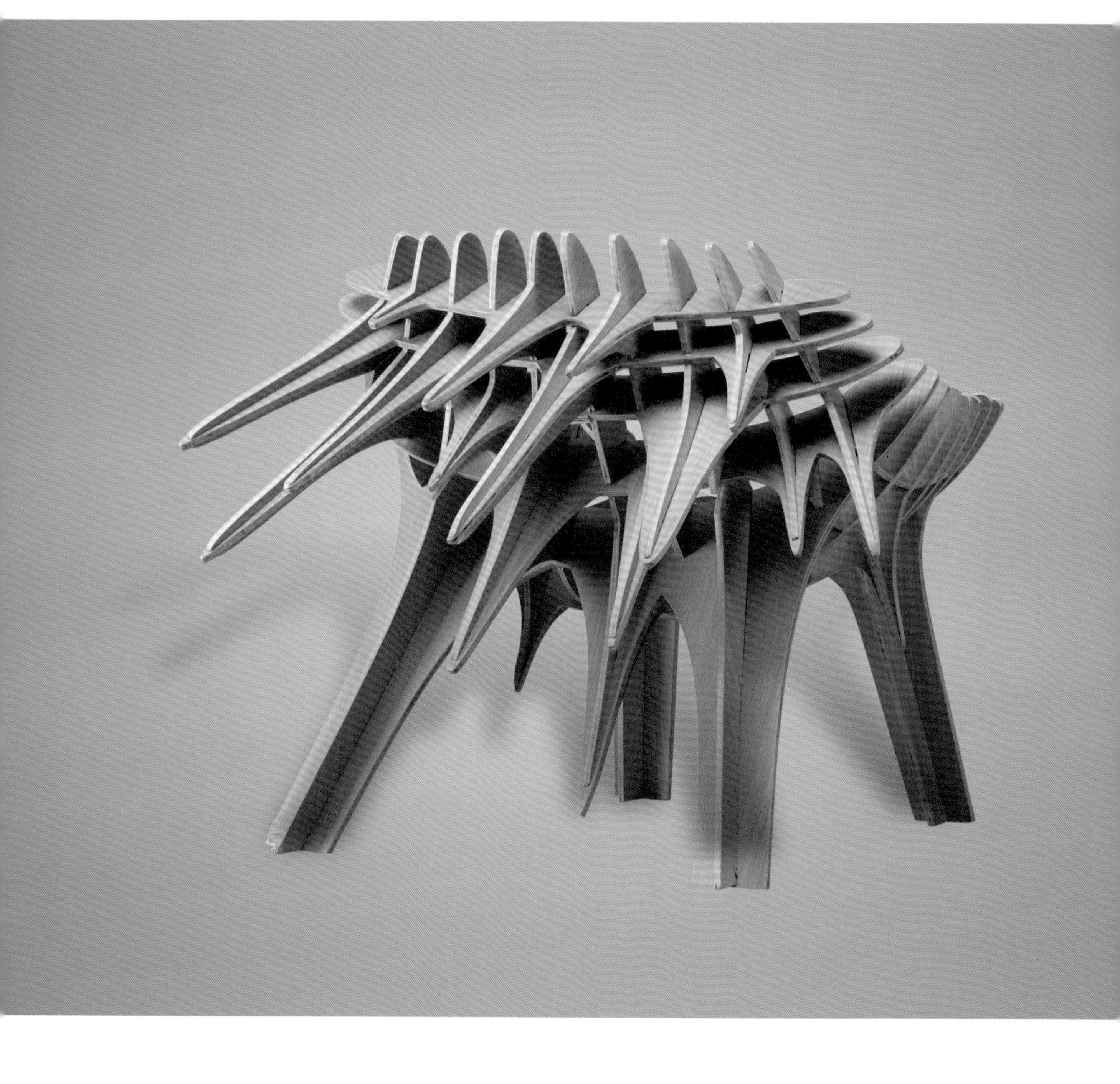

2019

实践学生：2016 级

指导教师：于历战

河豚椅

致敬孟菲斯

拼贴椅

自由隔断式置物架

斜切椅

缝隙——芒果立方

河豚椅

曹琳、李金铭

织物软包、实木框架

1144mm×1178mm×1181mm

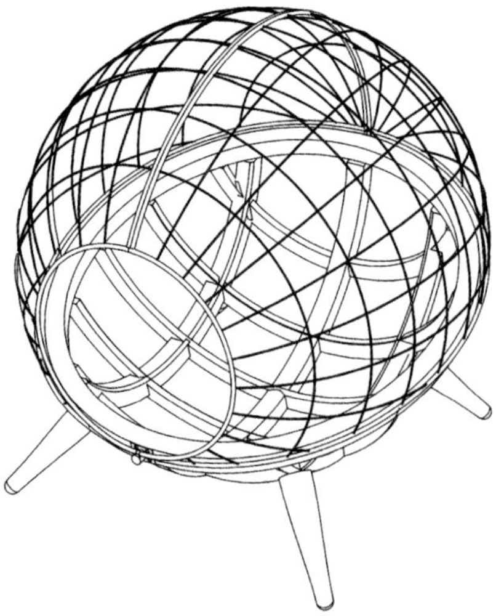

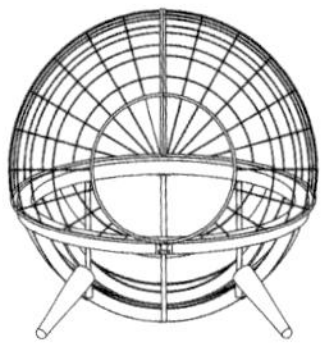

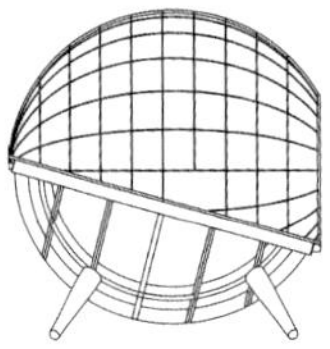

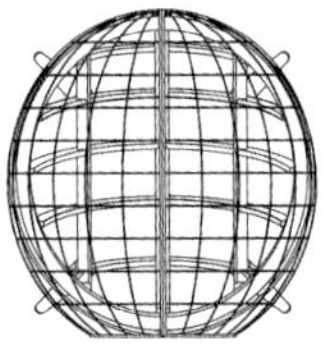

这件作品的造型意向来自刺豚鱼，学生真实的设计概念是想反映外表冷漠尖刻，内心柔软温暖的感觉。满是软刺的上部外壳可以稍稍分开，人可以进入休息，并在内部操作闭合，安全、舒适、温暖。由于时间紧，经验不足，结构推敲并不是很充分，开合结构存在较大问题；人进入的过程也不够优雅，进入后仅剩双脚在外面给人些许怪异的感受。

致敬孟菲斯

刘馨文、胡梦昕

织物软包、木质、金属、磁漆

116mm×827mm×960mm

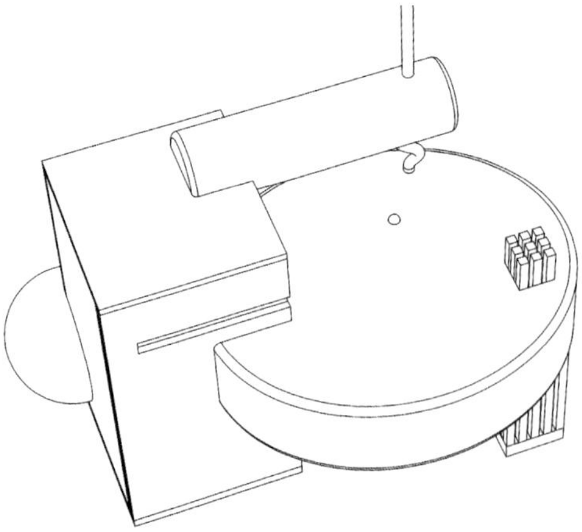

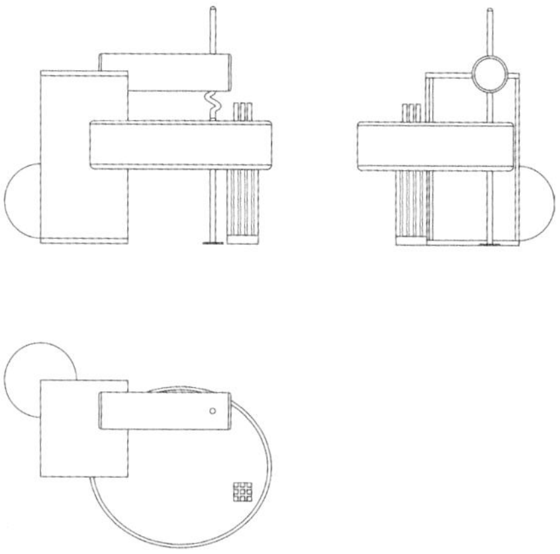

作品虽然命名致敬孟菲斯，但学生设计之初并未想到与孟菲斯有啥联系，只是想设计一个不像家具的家具，这倒与孟菲斯不谋而合。几个毫无关联的形体相互穿插，材料多样但相互之间又没什么关联。没有逻辑也是一种逻辑，无厘头的语言表达很好地诠释了当下年轻人的状态。作品完成后的效果尚可，只是重心有些不稳，靠前就座容易向前翻倒。

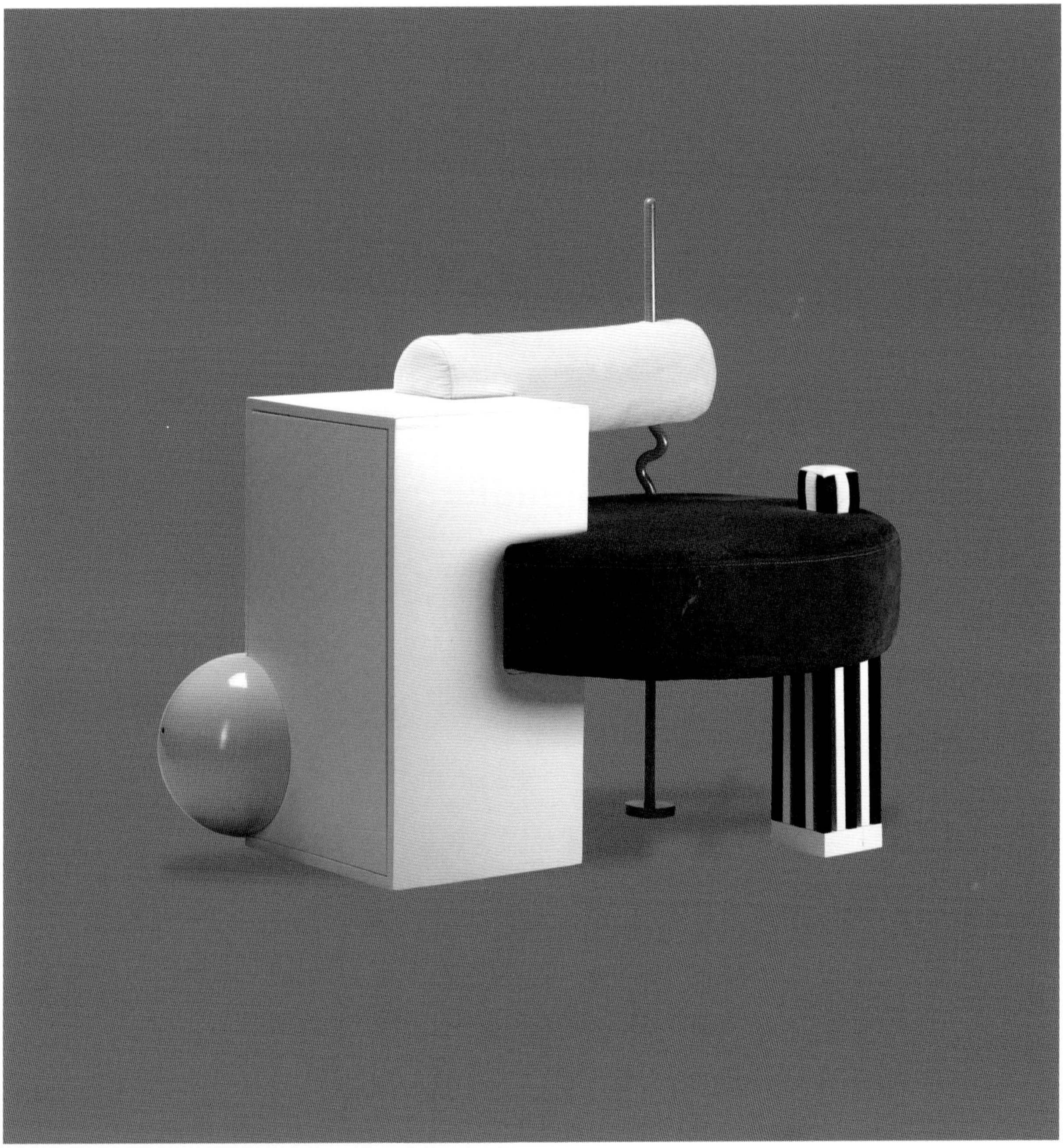

拼贴椅

夏尚歌、雷济源

白橡实木、木夹板、水性开放漆

440mm×587mm×881mm

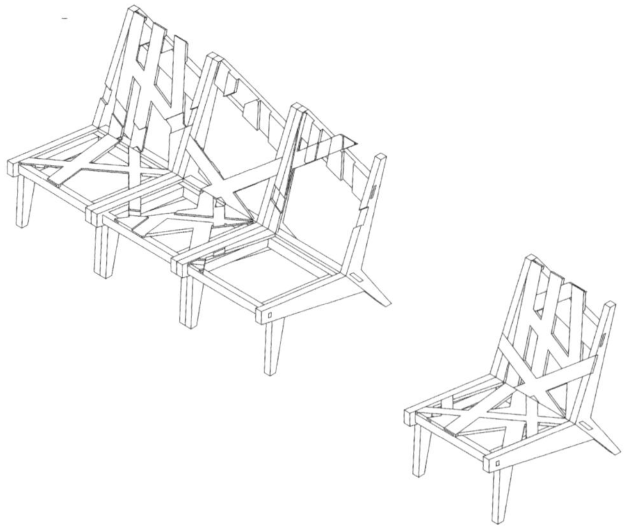

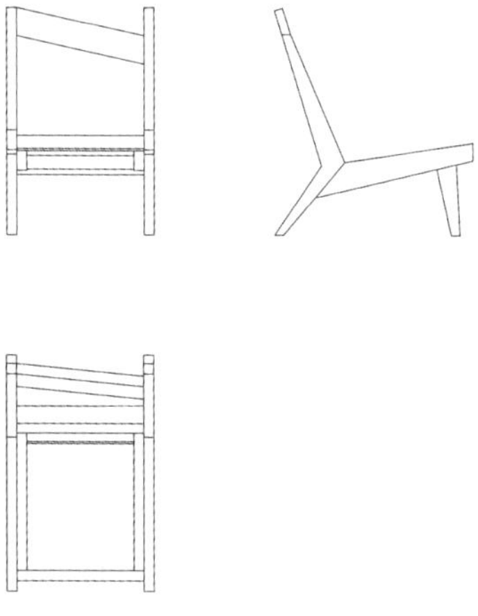

废旧的木材简单拼接带来的破旧美学始终能吸引一些设计者，但为了追求品质又不是简单地再现，这个设计在此进行了尝试，想法很有价值。不同的拼贴方式在不同的位置会有不同的效果，相同的是，结构都需要进一步推敲。其主要问题是学生希望板条相互拼接后表面还要保持平整，这就需要在板条背面开相应的槽，于是破坏了本就单薄的板条的强度，使材料更容易折断。

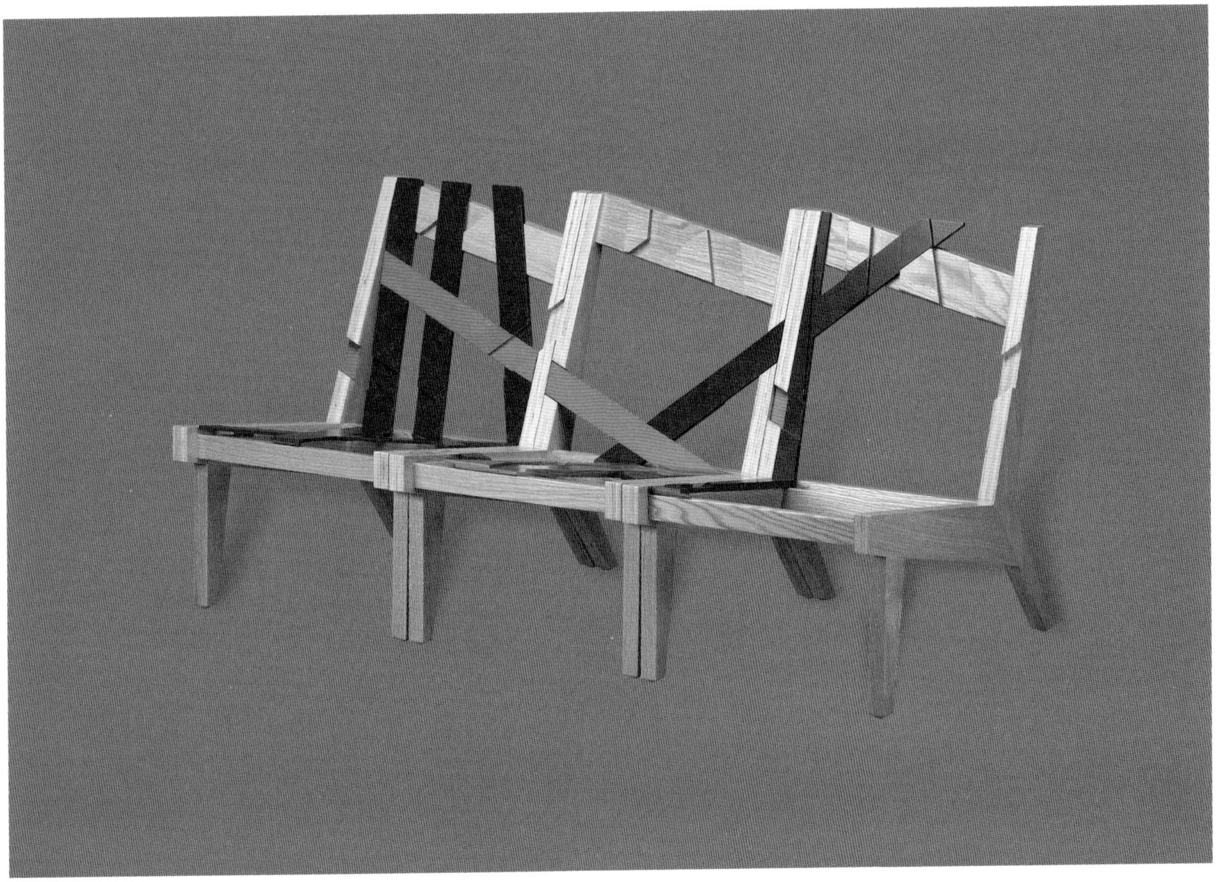

自由隔断式置物架

张玮奇、骆佳、李保旼（韩）

黑胡桃木、白枫木、水性开放漆、弹簧绳

914mm×300mm×700mm

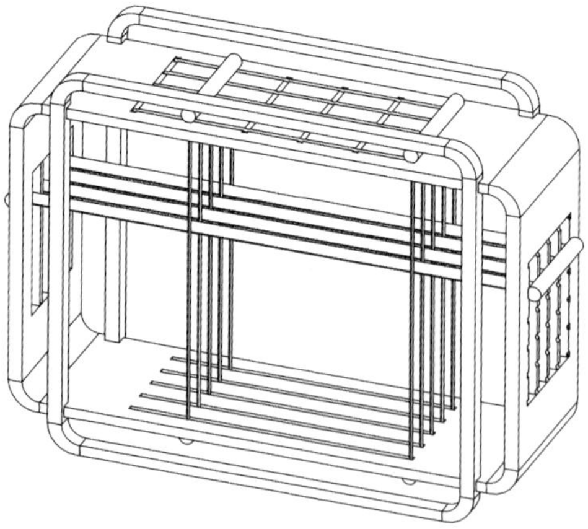

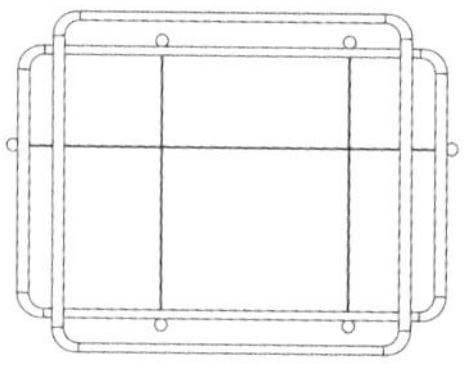

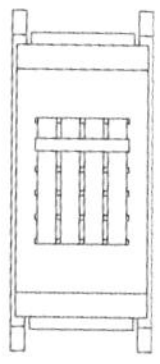

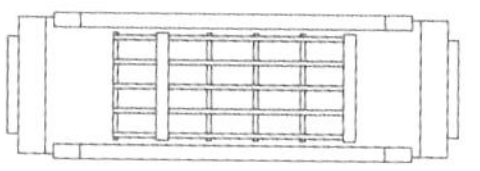

艺术类院校的学生总想以一种全新的形式打破旧有设计惯例，这次置物架中硬质的层板成为学生想要颠覆的对象。学生尝试了各种弹性的材料作为层板材料，并且还希望可以方便调整高度，结果并不是十分理想。依照学生目前掌握的技术，弹性材料拉得足够紧，使其具有一定强度足以支撑一定的重量和可以随时方便地移动几乎不可兼得，最后只能折中，“层板”上只能放置比较轻的物品。

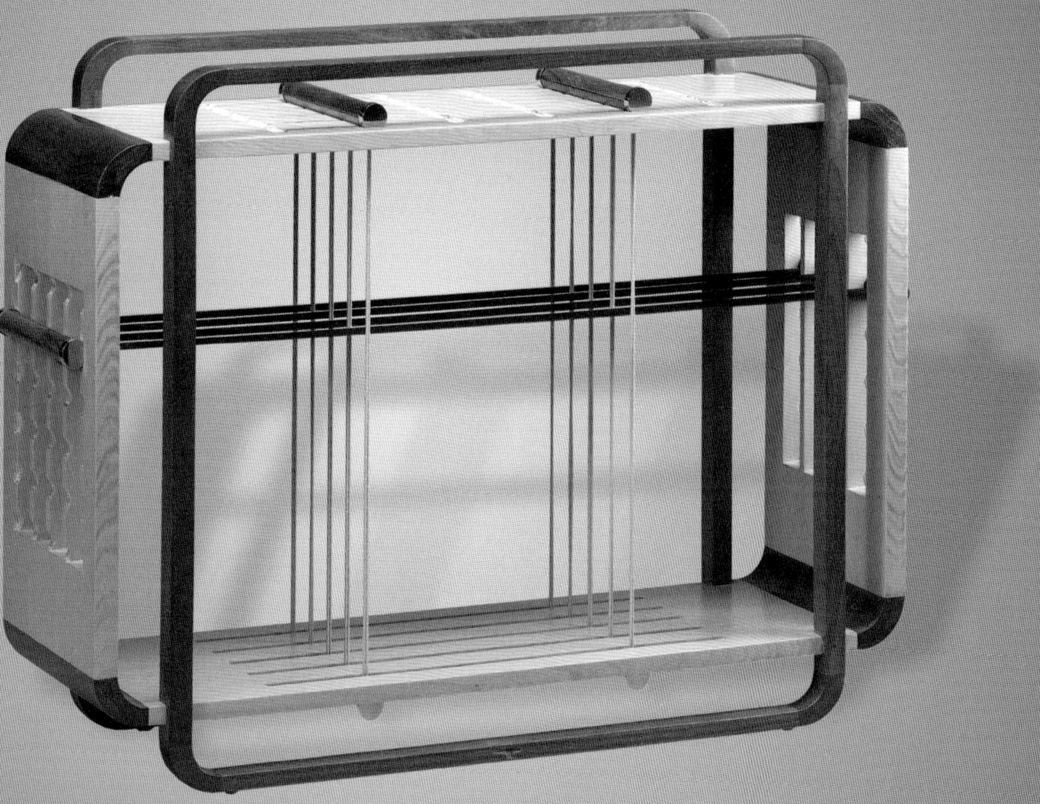

斜切椅

马梦珂、徐翊博
木夹板、水性开放漆、织物软包
矮凳 480mm×450mm×465mm
高凳 480mm×490mm×524mm

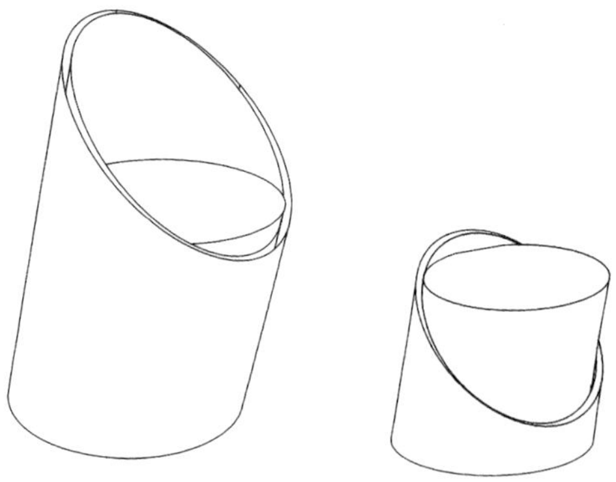

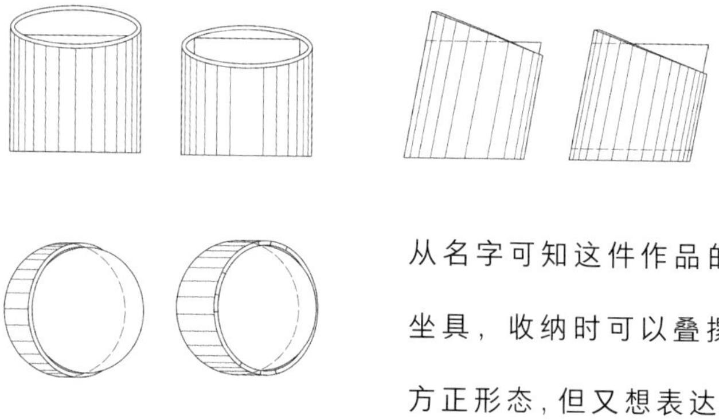

从名字可知这件作品的概念很简单，是一个圆筒斜切后形成的两件坐具，收纳时可以叠摞还原其形态。据学生讲虽然厌烦通常座椅的方正形态，但又想表达外表坚硬、内心柔软的概念。为了达成此概念，软包座面与靠背的角度设计并不合理，好在靠背不高，完成后基本是个坐墩的形态，小小的靠背几乎可以忽略。

缝隙——芒果立方

张雪莹、肖寒寒

织物软包

790mm×790mm×510mm

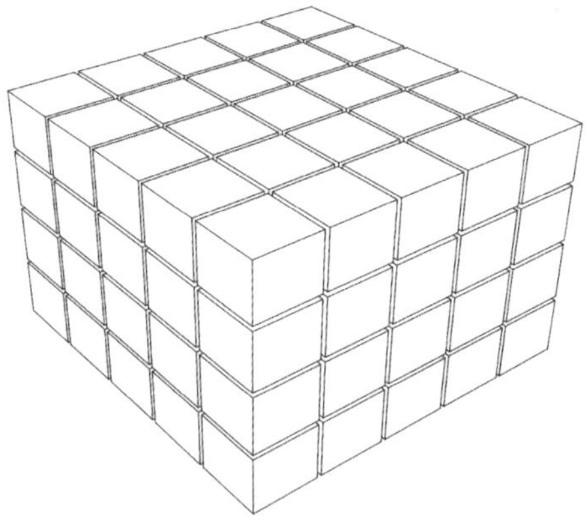

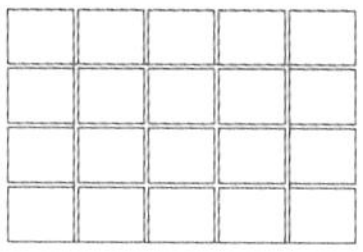

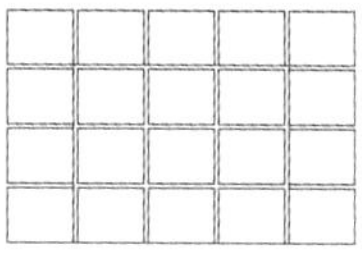

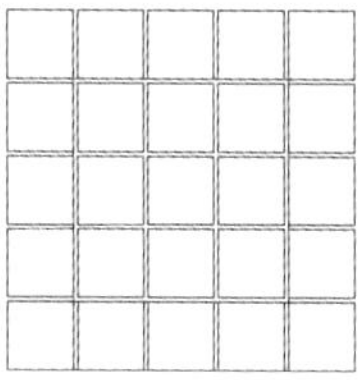

此设计的概念来自学生吃芒果的经历，学生希望设计一款沙发，人坐下时像切成块的芒果一样内部鲜艳的黄色可以反转露出来，但被忽略的是芒果切割后可以向外翻，使每一小方块可以突出出来，而沙发受力后是向内凹陷，其他部位的形变并不明显，因此，几乎并未达成最初的想法。幸亏有实践环节，才可以将脑子里冒出的各种奇怪想法付诸实现，以实物验证概念的可行性，从中学到宝贵的经验，哪怕是教训。